技工院校一体化课程教学改革电梯工程技术专业教材

电梯监督检验

人力资源社会保障部教材办公室组织编写

中国劳动社会保障出版社

内容简介

本书主要内容包括电梯技术资料监督检验，电梯机房监督检验，电梯井道监督检验，电梯轿厢与对重监督检验，电梯悬挂装置、补偿装置及旋转部件防护监督检验，电梯轿门与层门监督检验，无机房电梯附加监督检验和电梯试验 8 个学习任务。

图书在版编目（CIP）数据

电梯监督检验 / 人力资源社会保障部教材办公室组织编写 . -- 北京：中国劳动社会保障出版社，2021

技工院校一体化课程教学改革电梯工程技术专业教材

ISBN 978-7-5167-4949-4

Ⅰ.①电… Ⅱ.①人… Ⅲ.①电梯 – 质量监督 – 技工学校 – 教材②电梯 – 检验 – 技工学校 – 教材 Ⅳ.① TU857

中国版本图书馆 CIP 数据核字（2021）第 177459 号

中国劳动社会保障出版社出版发行

（北京市惠新东街 1 号　邮政编码：100029）

*

三河市华骏印务包装有限公司印刷装订　新华书店经销

787 毫米 ×1092 毫米　16 开本　17.25 印张　300 千字

2021 年 9 月第 1 版　2021 年 9 月第 1 次印刷

定价：34.00 元

读者服务部电话：（010）64929211/84209101/64921644

营销中心电话：（010）64962347

出版社网址：http: //www.class.com.cn

http: //jg.class.com.cn

技工院校一体化课程教学改革教材编委会名单

编审委员会

主　任：汤　涛
副主任：张立新　王晓君　张　斌　冯　政　刘　康　袁　芳
委　员：王　飞　杨　奕　何绪军　张　伟　杜庚星　葛恒双
　　　　蔡　兵　刘素华　李荣生

编审人员

主　编：李跃华
副主编：崔晓钢
参　编：黄东凌　樊　伟　罗　超　李　婵
主　审：汪世斌

序

习近平总书记指示："职业教育是国民教育体系和人力资源开发的重要组成部分，是广大青年打开通往成功成才大门的重要途径，肩负着培养多样化人才、传承技术技能、促进就业创业的重要职责，必须高度重视、加快发展。"技工教育是职业教育的重要组成部分，是系统培养技能人才的重要途径。多年来，技工院校始终紧紧围绕国家经济发展和劳动者就业，以满足经济发展和企业对技术工人的需求为办学宗旨，既注重包括专业技能在内的综合职业能力的培养，也强调精益求精的工匠精神的培育，为国家培养了大批生产一线技能劳动者和后备高技能人才。

随着加快转变经济发展方式、推进经济结构调整以及大力发展高端制造业等新兴战略性产业，迫切需要加快培养一批具有高超技艺的技能人才。为了进一步发挥技工院校在技能人才培养中的基础作用，切实提高培养质量，从2009年开始，我部借鉴国内外职业教育先进经验，在全国200余所技工院校先后启动了三批共计32个专业（课程）的一体化课程教学改革试点工作，推进以职业活动为导向，以校企合作为基础，以综合职业能力培养为核心，理论教学与技能操作融会贯通的一体化课程教学改革。这项改革试点将传统的以学历为基础的职业教育转变为以职业技能为基础的职业能力教育，促进了职业教育从知识教育向能力培养转变，努力实现"教、学、做"融为一体，收到了积极成效。改革试点得到了学校师生的充分认可，普遍反映一体化课程教学改革是技工院校一次"教学革命"，学生的学习热情、综合素质和教学组织形式、教学手段都发生了根本性变化。试点的成果表明，一体化课程教学改革是转变技能人才培养模式的重要抓手，是推动技工院校改革发展的重要举措，也是人力资源社会保障部门加强技工教育和职业培训工作的一个重点项目。

教学改革的成果最终要以教材为载体进行体现和传播。根据我部推进一体化课程教学改革的要求，一体化课程教学改革专家、几百位试点院校的骨干教师以及中国人力资源和社会保障出版集团的编辑团队，组织实施了一体化课程教学改革试点，并将试点中形成的课程成果进行了整理、提炼，汇编成教材。第一批试点专业教材2012年正式出版后，得到了院校的认可，我们于2019年启动了第一批试点专业教材的修订工作，将于2020年出版。同时，第二批、第三批试点专业教材经过试用、修改完善，也将陆续正式出版。希望全国技工院校将一体化课程教学改革作为创新人才培养模式、提高人才培养质量的重要抓手，进一步推动教学改革，促进内涵发展，提升办学质量，为加快培养合格的技能人才做出新的更大贡献！

技工院校一体化课程教学改革

教材编委会

2020年5月

目　录

学习任务一　电梯技术资料监督检验

学习目标

1. 能查阅相关标准和行业规范，正确填写《电梯技术资料监督检验工作任务单》。

2. 能根据《电梯技术资料监督检验工作任务单》，制订检验实施计划。

3. 能正确使用温湿度计等检验工具进行检验前的条件确认与安全风险评估。

4. 能协同小组成员完成电梯技术资料监督检验工作。

5. 能对电梯技术资料监督检验各分项目做出是否合格的判断，并对检验不合格的项目给出正确的处理意见。

6. 能主动获取有效信息，展示工作成果，对学习与工作进行总结反思，并能与他人开展良好合作，进行有效沟通。

建议学时

20 学时

工作情景描述

某楼盘有一台产品编号为 E/3003 的曳引式电梯，近期刚完成安装和调试。电梯安装公司为了在合同约定日期内将电梯交付使用单位，拟安排工程部根据《电梯监督检验和定期检验规则——曳引与强制驱动电梯》（TSG T7001—2009）、《电梯制造与安装安全规范》（GB 7588—2003）等技术标准文件，对电梯进行技术资料监督检验自检，两天完成。

工作流程与活动

学习活动 1　明确检验任务（2 学时）

学习活动 2　检验前的准备（4 学时）

学习活动 3　实施检验（12 学时）

学习活动 4　工作总结与评价（2 学时）

学习活动1　明确检验任务

学习目标

1. 能正确填写《电梯技术资料监督检验工作任务单》，明确完成任务的相关要素。

2. 能正确阅读《电梯技术资料监督检验项目、内容及要求》，明确任务包含的检验项目、检验内容及要求。

3. 能根据任务要求正确填写《工作联系单》。

4. 能正确描述安全技术交底的概念，进行电梯技术资料监督检验安全技术交底。

建议学时　2学时

学习过程

一、明确工作任务

电梯技术资料的监督检验是开展电梯整机监督检验最初的步骤，也是最重要的检验环节。

1．查阅受检电梯档案资料和技术规范文件，完成《电梯技术资料监督检验工作任务单》的填写。

电梯技术资料监督检验工作任务单

开始日期	年　月　日	任务单号	
任务描述	某楼盘有一台产品编号为E/3003的曳引式电梯，近期刚完成安装和调试。电梯安装公司为了在合同约定日期内将电梯交付使用单位，拟安排工程部根据《电梯监督检验和定期检验规则——曳引与强制驱动电梯》（TSG T7001—2009）、《电梯制造与安装安全规范》（GB 7588—2003）等技术标准文件，对电梯进行技术资料监督检验自检，两天完成		

续表

设备品种			型号	
制造单位名称				
产品编号			制造日期	
施工单位名称				
施工单位许可证明文件编号			施工类别	（安装、改造、重大修理）
安装地点			使用登记证编号	
使用单位名称				
维护保养单位名称				
设备技术参数	额定载重	______kg	额定速度	______m/s
	层站门数	______层站门	控制方式	______
检验依据	《电梯监督检验和定期检验规则——曳引与强制驱动电梯》（TSG T7001—2009，含第 1 号、第 2 号修改单）			
主要检验工具、仪器仪表及设备				

2．根据 TSG T7001—2009 的规定，电梯技术资料监督检验可以分为以下两个部分开展，第一部分：安装前技术资料的监督检验；第二部分：安装后技术资料现场监督检验。

（1）仔细阅读《第一部分：安装前技术资料监督检验项目、内容及要求》，查阅电梯检规及电梯标准文件，填空并回答问题。

第一部分：安装前技术资料监督检验项目、内容及要求

检验项目及内容		检验要求
1 技术资料	1.1 制造资料 A①	制造单位提供了以下用中文描述的出厂随机文件： （1）______________，其范围能够覆盖所提供电梯的相应参数 （2）电梯整机______________证书或者报告书，其内容能够覆盖所提供电梯的相应参数 （3）产品______________，注有制造许可证明文件编号，该电梯的产品出厂编号，主要______________，门锁装置、限速器、安全钳、缓冲器、含有电子元件的安全电路（如果有）、轿厢上行超速保护装置、______________、控制柜等安全保护装置和主要部件的型号，以及这些安全保护装置和主要部件的编号（门锁装置除外）等内容，并且有电梯______________单位的公章或者检验合格章以及出厂日期

① 电梯检验项目分为 A、B、C 三个类别。

续表

<table>
<tr><th colspan="2">检验项目及内容</th><th colspan="4">检验要求</th></tr>
<tr><td rowspan="2">1　技术资料</td><td>1.1　制造资料 A</td><td colspan="4">（4）门锁装置、______、安全钳、缓冲器、含有电子元件的安全电路（如果有）、轿厢上行超速保护装置、驱动主机、控制柜等安全保护装置和主要部件的______，以及限速器和渐进式安全钳的______
（5）机房（机器设备间）及技术资料______，其顶层高度、底坑深度、楼层间距、井道内防护、安全距离、井道下方人可以进入的空间等满足______
（6）______，包括动力电路和连接电气安全装置的电路
（7）______，包括安装、使用、日常维护保养和应急救援等方面操作说明的内容</td></tr>
<tr><td>1.2　安装资料 A</td><td colspan="4">安装单位提供了下列资料和文件：
（注：下述文件如为复印件，则必须经安装单位加盖公章或者检验合格章）
（1）安装______和安装告知书，许可范围能够覆盖所施工电梯的相应参数
（2）______、审批手续齐全
（3）施工现场作业人员持有的______证</td></tr>
<tr><td>2　检验相关技术资料和文件</td><td>检规正文第六条</td><td colspan="4">施工单位应当按照设计文件和标准的要求，对电梯机房、______、底坑等涉及电梯施工的土建工程进行检查，对电梯制造质量（包括其零部件和安全保护装置等）进行确认，并做好记录，符合要求后方可施工
安装单位应提供：______、制造质量确认记录</td></tr>
<tr><td colspan="2" rowspan="9">3　安全保护装置和主要部件的型式试验合格证书及调试证书编号记录</td><th>证书名称</th><th>证书编号</th><th>证书名称</th><th>证书编号</th></tr>
<tr><td>层门门锁型式试验合格证书</td><td></td><td>轿门门锁型式试验合格证书</td><td></td></tr>
<tr><td>轿厢限速器型式试验合格证书</td><td></td><td>对重限速器型式试验合格证书</td><td></td></tr>
<tr><td>轿厢限速器调试证书</td><td></td><td>对重限速器调试证书</td><td></td></tr>
<tr><td>轿厢安全钳型式试验合格证书</td><td></td><td>对重安全钳型式试验合格证书</td><td></td></tr>
<tr><td>轿厢渐进式安全钳调试证书</td><td></td><td>对重渐进式安全钳调试证书</td><td></td></tr>
<tr><td>轿厢缓冲器型式试验合格证书</td><td></td><td>对重缓冲器型式试验合格证书</td><td></td></tr>
<tr><td>轿厢上行超速保护装置型式试验合格证书</td><td></td><td>含有电子元件的安全电路型式试验合格证书</td><td></td></tr>
<tr><td>驱动主机型式试验合格证书</td><td></td><td>控制柜型式试验合格证书</td><td></td></tr>
</table>

1）电梯制造单位应当提供哪些出厂随机文件?

2）质量证明文件包括哪些?

3）厂家应提供哪些设备的型式试验合格证书?

4）厂家应提供哪些部件的调试证书?

5）安装施工单位应提供哪些资料和文件?

6）检规正文第六条对施工单位提出了哪些要求？

7）安装单位需要对哪些部件的型式试验合格证书和调试证书进行编号记录？

（2）仔细阅读《第二部分：安装后技术资料现场监督检验项目、内容及要求》，查阅电梯检规及电梯标准文件，填空并回答问题。

第二部分：安装后技术资料现场监督检验项目、内容及要求

检验项目及内容		检验要求
1　技术资料	1.1　制造资料 A	第一部分资料现场核对： （1）______证或者报告书覆盖现场设备 （2）产品______，主要技术参数（额定速度、额定载重、层站数等）与现场实物相符 （3）控制柜、驱动主机、上行超速保护装置、限速器的______、编号 （4）含有电子元件的安全电路______、编号 （5）层门______和轿门机械锁装置（如果有）的型号 （6）安全钳、______的型号、编号 （7）______装置和主要部件的型式试验合格证书

续表

<table>
<tr><th colspan="2">检验项目及内容</th><th>检验要求</th></tr>
<tr><td rowspan="2">1　技术资料</td><td>1.2　安装资料 A</td><td>安装单位提供了下列资料和文件：
（1）施工现场作业人员持有的____________证
（2）__________记录和由整机制造单位出具或确认的自检报告，检查和试验项目齐全、内容完整，施工和验收手续齐全
（3）__________（如安装中变更设计时），履行了由使用单位提出、经整机制造单位同意的程序
（4）__________件，包括电梯安装合同编号、安装单位安装许可证编号、产品出厂编号、主要技术参数等内容，并且有安装单位公章或者检验合格章以及竣工日期</td></tr>
<tr><td>1.4　使用资料 B</td><td>使用单位提供了下列资料：
（1）安全技术档案所需的__________与使用状况记录、日常维护__________、年度自行检查记录或者报告、应急救援演习记录、运行故障和事故记录等
（2）以岗位责任制为核心的电梯__________规章制度，包括事故与故障的应急措施和救援预案、电梯钥匙使用管理制度等
（3）与取得相应资格单位签订的日常维护保养合同
（4）按照规定配备的电梯__________和作业人员的特种设备作业人员证</td></tr>
</table>

1）现场要核对的制造资料有哪些?

2）安装单位应提供哪些安装资料?

3）使用单位应提供哪些使用资料?

3．阅读并填写《工作联系单》，回答下列问题。

工作联系单 编号：

工程名称	电梯技术资料监督检验	日期	
接收单位		抄送单位	
主题			
联系情况记录：			
接收单位		发出单位	
工程负责人		技术负责人	

（1）《工作联系单》有什么作用？

（2）《工作联系单》记录了哪些关键信息？

二、安全技术交底

安全技术交底是任务准备阶段的重要环节，以预防事故、防范风险为主旨。明确电梯技术资料监督检验安全交底内容与技术要求，以保证作业安全，避免发生事故。

阅读《电梯技术资料监督检验安全技术交底》，查阅有关电梯安全防护的资料，完成填空并回答下列问题。

电梯技术资料监督检验安全技术交底

工程名称	
施工内容	
安全技术交底内容	

一、电梯检验安全防护要求

1. 检验人员应当正确着装，佩戴______，穿防护鞋，扣紧领口、袖口，女员工束紧长发，摘除身上佩戴的首饰等物品

2. 现场检验人员不得少于______人，检验人员应当在使用单位电梯管理人员的配合下实施检验；学校组织课堂教学时每组检验学员的人数以不超过______人为限，上轿顶、下底坑人数每组不超过两人

3. 检验前，应当将标明正在检验的______和______放置于电梯设备附近和井道入口处；确认轿厢内无人；关闭电梯门，防止电梯门在检验过程中发生非预期的开关门动作；禁止无关人员进入检验区域

4. 检验前应当确认______设施的有效性。检验指令应当清晰，接收指令的人员应当重复指令，确认无误方可实施操作

5. 具有双重或附加操纵功能的电梯，应当将其转换开关置于______操纵的位置上。在检验群控电梯其中的一台电梯时，应当将该电梯从梯群控制中分离出来

6. 实施电气部分的检验时，或者需要防止电梯的运动时，应执行以下操作：

（1）断开电源开关，并______。在无法闭锁电源开关的情况下，则应当摘除电源电路的熔断器，或采用等效方法确保电源电路处于断开状态

（2）某些电梯设备部件（如电容器、电动机－发电机组等）即使在切断电源后仍然带有______电能，残余电能可能导致人员触电或者设备的意外动作。针对这些电梯设备部件，在进行检验之前，应当通过接地或者按照设备说明书上的要求释放残余电能

（3）对于多台并联控制的电梯，可能存在已断开主电源的控制柜______带电的情况，检验时应当仔细确认

7. 检验人员应当持续注意所有______设备的位置和状态

二、电气部分检验的安全要求

1. 对是否达到“切断电梯______，设置明显的警示及安全标志”的要求进行确认

2. 在对电气设备或线路进行测试时，做到______，另一人监护

3. 需要使用短接线进行电路______操作时，必须使电梯处于检修状态，停止开关处于“停止”位置，且必须一人操作，另一人监护。在相关检验操作完成后，应立即取下短接线

三、技术资料监督检验的安全要求

1. 在轿顶工作时必须能够一直完全地控制电梯，这要求在进入轿顶之前要确保______、______、______有效

2. 在进入轿顶后，层门原则上应该被机械锁闭，并且在整个工作中这种状态______，特殊情况下需要开门作业，可使用阻门器将层门固定在开启位置，但必须有安全措施：现场有防护栏装置，层门口始终有专业人员把守

3. 退出轿顶前，必须仔细检查______是否复位，工具是否取出，照明是否关闭。检修行梯过程中严禁任何实操与测量，以防止工具或设备坠落伤人

4. 开锁钥匙应由专人专控，严禁______

5. 严禁______安全护栏，身体的任何部位均不可越过安全护栏

6. 每名学员均能够示范和解释电梯安全知识

交底人		交底日期	
接受人		接受日期	

（1）在进行电梯技术资料监督检验时，对着装方面有什么要求?

（2）在进行电梯技术资料检验前应做好哪些防护措施，以保护检验人员的安全?

（3）在进行电气部分的检验时应注意哪些方面?

（4）电梯技术资料检验有哪些常见的事故？举例说明。

学习活动 2　检验前的准备

学习目标

1. 能合理制订检验实施计划，包含实施流程计划、时间计划、组织计划等。

2. 掌握电梯技术资料监督检验的主要技术要点。

3. 掌握温湿度计的使用方法。

建议学时　4 学时

学习过程

一、制订检验实施计划

电梯技术资料监督检验分为事前项检验（第一部分）和事后项检验（第二部分）两个阶段实施，目的是防止施工单位在不具备施工条件的情况下施工而造成的后续项不合格而带来的工程损失。

阅读《电梯技术资料监督检验实施计划》，将其补充完整。

电梯技术资料监督检验实施计划

主题	分计划内容		备注
制订电梯技术资料监督检验实施计划	实施流程计划	电梯技术资料监督检验分为两个部分，即事前项和事后项 事前项检验（第一部分）流程：现场核对制造资料 A、安装资料 A、检规正文第六条、安全保护装置和主要部件的型式试验合格证书及调试证书编号 事后项检验（第二部分）流程：现场核对制造资料 A、安装资料 A、使用资料 B	

续表

主题	分计划内容		备注
制订电梯技术资料监督检验实施计划	时间计划	电梯技术资料监督检验任务实施 开始时间： 结束时间： 用时计划：	
	组织计划	任务实施小组组内分工 现场检测： 数据记录： 现场拍照、录像： 检验结果分析、归纳、评价与判断：	

电梯技术资料监督检验分为哪两个部分？为什么？

二、电梯技术资料监督检验内容与实例

阅读《电梯技术资料监督检验内容与实例》，明确电梯技术资料监督检验的技术要点。

电梯技术资料监督检验内容与实例

项目	检验内容	实例引用	备注
1.1　制造资料 A	整机型式试验合格证	副本 中华人民共和国 特种设备制造许可证 Manufacture License of Special Equipment People's Republic of China （电梯） 编号：TS2310417-2018 单位名称：山东富士制御电梯有限公司 制造地址：山东省宁津县经济开发区泰山路南首 经审查，获准从事下列电梯的制造： 审批机关：国家质量监督检验检疫总局 有效期至：2018 年 3 月 18 日 国家质量监督检验检疫总局制	

续表

项目	检验内容	实例引用	备注
1.1 制造资料 A	产品出厂编号、主要技术参数	XXX电梯有限公司 电梯追溯编码:CN901421707123456780 产品名称: xxxxxxxxxxx 型号: xxxxxxxxxxx 规格: xxxxxxxxxxx 电梯控制柜 型 号: xxxxxxxxxxx 控制方式: xxxxxxxxxxx 调速方式: xxxxxxxxxxx 产品编号: xxxxxxxxxxx 试验机构: xxxxxxxxxxx 生产地址: xxxxxxxxxxx 轿厢意外移动保护装置 型 号: xxxxxxxxxxx 允许系统质量范围: xxxxxxxxxxx 允许额定载重量范围: xxxxxxxxxxx 所预期的轿厢减速前最高速度: xxxxxxxxxxx 制造日期: xxxxxxxxxxx 制造单位: xxxxxxxxxxx TSX	
	控制柜、驱动主机、上行超速保护装置、限速器的型号、编号	MA TX 特 种 设 备 型式试验合格证 制造单位名称及地址： 产品名称：电梯限速器\安全钳\缓冲器\门锁\控制柜\曳引机 型号规格：XD120 产品配置（见附件） 型式试验报告编号： 本证所阐述的结论覆盖以下型号规格产品（产品配置不变）： 额定功率(kW)： ≤5.5 额定速度(m/s)： ≤0.4 曳引悬挂比： 1:1 经型式试验，确认该产品符合《电梯型式试验规则》规定。 （公章） 发证日期 年 02 月 02 日	
	含有电子元件的安全电路型号、编号	图略	
	层门门锁装置和轿门机械锁装置（如果有）的型号		

续表

项目	检验内容	实例引用	备注
1.1　制造资料 A	安全钳、限速器、缓冲器的型号、编号	 ThyssenKrupp Elevator NETEC 国家电梯质量监督检验中心 ThyssenKrupp	
	安全保护装置和主要部件的型式试验合格证	CMA　CAL　ilac-MRA　CNAS 2014000708Z　CNAS L0454 TX　特　种　设　备 型式试验合格证 No. TX F310-014-14 0157 申请单位名称及地址：河北东方富达机械有限公司 河北省廊坊市光明东道 112 号 制造单位名称及地址：河北东方富达机械有限公司 河北省廊坊市光明东道 112 号 产品名称（设备型式）：限速器 型号规格：XS3 额定速度：1.00m/s 产品配置（见附件）：限速器产品配置表 型式试验报告编号：T14-F31-14-157 本证所阐述的结论覆盖以下型号规格产品（产品配置不变）：/ 经型式试验，确认该产品符合《电梯型式试验规则》（2012 稿）、《限速器型式试验细则》（2012 稿）、GB 7588—2003 及 EN 81-1:1998 的规定。 发证日期：2014 年 12 月 25 日 NETEC　国家电梯质量监督检验中心	
1.2　安装资料 A	施工现场作业人员持有的特种设备作业人员证	图略	

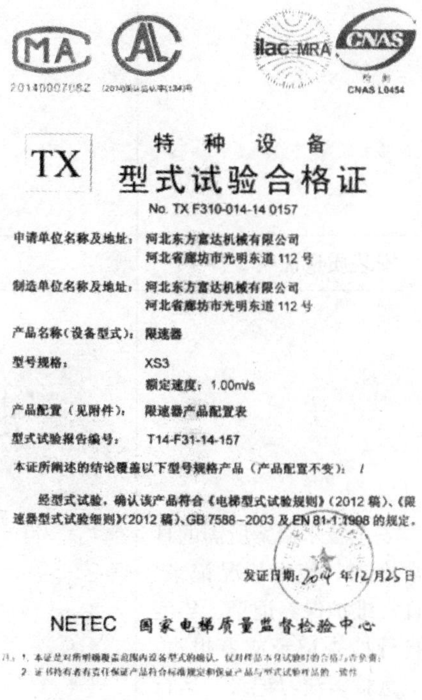

续表

项目	检验内容	实例引用	备注
1.2 安装资料 A	施工过程记录和由整机制造单位出具或确认的自检报告	MA 2008150154Z 用户 No. RZ-DTJ-2010-0085F 电梯验收检验报告 注册代码 / 使用单位 山东亚太森博浆纸有限公司 检验机构 山东省特种设备检验研究院 检验日期 2010-04-27 国家质量监督检验检疫总局制 第1页共7页	
	安装质量证明文件	图略	
1.4 使用资料 B	安全技术档案所需的日常检查与使用状况记录、日常维护保养记录、年度自行检查记录或者报告、应急救援演习记录、运行故障和事故记录等	年度 档案编号 保存年限 四年 电梯维护保养作业记录 使用单位： 电梯型号： 注册代码： 维保主管： 维保单位：（盖章）	

续表

项目	检验内容	实例引用	备注
1.4　使用资料 B	以岗位责任制为核心的电梯运行管理规章制度，包括事故与故障的应急措施和救援预案、电梯钥匙使用管理制度等	**紧急救援方法** 1．执行本紧急救援操作的人员，必须具备下列条件。 1.1 接受过国家电梯主管部门的专业技术培训并取得相应资格证书者。 1.2 接受过蓉森电梯相关部门或蓉森电梯安装公司现场专业培训和实际操作，能安全理解并遵守本规程所讲诉的内容。 1.3 执行紧急救援操作时，应具备安全行为能力。严禁酒后或身体健康状况欠佳而无法从事特种作业的人员执行操作。 1.4 执行本规程要求两人协同完成。 2．实施紧急救援应遵循下列程序。 2.1 与被关乘客取得联系，安慰乘客不要焦急；如果轿门已被扒开，应让被困乘客关上轿门。 2.2. 切断电梯主电源开关。如果电梯含有其他相连的电源设备（如应急电源），也应同时切断。 2.3一名电梯工操作松闸手柄，另一名电梯工手动操作黄色盘车手轮，使电梯朝较轻的一方缓慢移动。请注意：1. 电梯必需慢慢调行；2. 轿厢运行不许超过下一停层；3. 持续保持电梯的制动状态；4. 必需时通过盘车手轮加以外力。 2.4 待轿厢到达平层位置后，复位抱闸手柄。 2.5 打开厅门、轿厢门，解救出受困的乘客。 说明： 1．对于无齿轮，必要时装上盘车圆盘，必需时控制电梯在重力作用下自行滑行。 2．对于液压梯，松动机房液压阀背后的红色放油手柄使轿厢下移。	
	与取得相应资格单位签订的日常维护保养合同	图略	
	按照规定配备的电梯安全管理人员和作业人员的特种作业操作证		

（1）实训用电梯制造许可证明文件的重要信息是什么？

（2）电梯整机型式试验合格证有哪些重要信息?

（3）电梯的主要技术参数有哪些?

（4）电梯的哪些主要部件必须具备型式试验合格证?

（5）电气原理图主要包括哪些方面的图纸?

（6）安装、使用及维护说明书主要包括哪些内容?

三、温湿度计的使用方法

认真阅读下表，回答下列问题。

温湿度计的使用方法

序号	图示	使用方法	说明
1		打开电池盒，装上1节9 V电池	安装电池时，注意检查电池是否失效，并注意电池的正负极不要接反。使用完毕后，应将电池取出，以防止电池漏电或腐蚀仪表
2		按下电源开关按键，使温湿度计为开机状态，选择温度计量挡位：按“℃ / ℉”键，可以在摄氏度和华氏度之间进行切换	注意温度测量单位的切换。我国一般使用摄氏度（℃）
3		按下模式开关（Mode），可以在即时温湿度、温湿度显示保持之间进行切换；按下背景灯光开关，背景灯光在打开和关闭之间进行切换	—

（1）什么是相对湿度？用什么符合表示？

（2）简述温湿度计的使用方法。

（3）在使用温湿度计的过程中有哪些注意事项?

学习活动3　实 施 检 验

学习目标

1. 能进行电梯技术资料监督检验条件确认与安全风险评估。

2. 能根据 TSG T7001—2009 中电梯技术资料监督检验的项目、内容与要求，实施电梯技术资料监督检验。

3. 能判断检验项目是否合格，分析原因，并提出整改措施。

4. 能根据检验情况，完成《电梯技术资料监督检验报告单》。

建议学时　12 学时

学习过程

一、条件确认与安全风险评估

在进行技术资料监督检验工作之前，必须进行条件确认与安全风险评估，具体见下表。此表实行负面清单制，只进行扣分记录，当出现扣分项，暂停实操，进行整改。

条件确认与安全风险评估表

任务名称：__________ 检验人员：__________ 日期：　年　月　日

实施检验前条件项目	内容（任务准备不足、违反安全文明生产，酌情扣 10 ~ 100 分）	是否合格	违规记录	备注
一、职业素养	1. 服从工作组长（教师）安排，遵守现场纪律，落实安全责任	□合格　□不合格		
	2. 手机关机或振动，并存放于指定的位置	□合格　□不合格		
	3. 认真理解并执行 6 S 管理（安全、整理、整顿、清扫、清洁、素养）	□合格　□不合格		
二、安全防护	1. 规范佩戴安全帽（符合国标 GB 2811—2019《头部防护　安全帽》）	□合格　□不合格		
	2. 穿着工服，上衣无拉链（扣子式），穿长裤。严禁穿短裤，女生必须束发	□合格　□不合格		
	3. 穿着安全鞋，严禁穿拖鞋	□合格　□不合格		
三、工具选择（选用打√）	□万用表 □钳形电流表 □接地电阻测量仪 □绝缘电阻测量仪 □加、减速度测量仪 □转速表 □限速器测试设备 □钢丝绳探伤仪 □导轨垂直度测量仪 □声级计 □游标卡尺 □气泡水平仪 □塞尺 □磁力线坠 □湿度计 □温度计 □放大镜 □测力计 □活扳手 □验电笔 □对讲机 □手电筒 □十字旋具 □一字旋具	□照相机 □直角尺 □钢直尺 □钢卷尺 □阻门器 □三角钥匙 □护栏 □超声波测距仪 □激光测距仪 □其他：______		
四、安全风险评估（认识检验过程中可能发生的安全风险）	□人员坠落井道　□工具坠落井道　□剪切　□碰撞　□旋转设备的伤害　□触电 □其他：______			

二、检验实施

根据 TSG T7001—2009 的相关要求，实施电梯技术资料监督检验。

电梯技术资料监督检验实施表

工作内容	检验内容与要求[1]	检验方法	检验过程与结果[2] （在对应方框内打√）	配分（分）	得分
1.1　制造资料A第一项	（1）制造许可证明文件，其范围能够覆盖所提供电梯的相应参数 （2）电梯整机型式试验合格证书或者报告书，其内容能够覆盖所提供电梯的相应参数 （3）产品质量证明文件，注有制造许可证明文件编号、该电梯的产品出厂编号、主要技术参数，门锁装置、限速器、安全钳、缓冲器、含有电子元件的安全电路（如果有）、轿厢上行超速保护装置、驱动主机、控制柜等安全保护装置和主要部件的型号，以及这些安全保护装置和主要部件的编号（门锁装置除外）等内容，并且有电梯整机制造单位的公章或者检验合格章以及出厂日期	电梯安装施工前审查相应资料：文件如为复印件，则必须经电梯整机制造单位加盖公章或者检验合格章；对于进口电梯，则应加盖国内代理商的公章	★**检验结论：**□合格　□不合格	20	

① 找到每一项的对应项，参照检验方法，按照检验内容与要求逐项检验，将检验结果记录在对应的表格内。

② 需要说明的简要书写，需要填写数据的按实际处理。

续表

工作内容	检验内容与要求	检验方法	检验过程与结果 （在对应方框内打√）	配分（分）	得分
1.1　制造资料 A第二项	（1）门锁装置、限速器、安全钳、缓冲器、含有电子元件的安全电路（如果有）、轿厢上行超速保护装置、驱动主机、控制柜等安全保护装置和主要部件的型式试验合格证书，以及限速器和渐进式安全钳的调试证书 （2）机房（机器设备间）及井道布置图，其顶层高度、底坑深度、楼层间距、井道内防护、安全距离、井道下方人可以进入的空间等满足安全要求 （3）电气原理图，包括动力电路和连接电气安全装置的电路 （4）安装、使用及维护说明书，包括安装、使用、日常维护保养和应急救援等方面操作说明的内容	电梯安装施工前审查相应资料	**★检验结论：**□合格　□不合格	30	

续表

工作内容	检验内容与要求	检验方法	检验过程与结果（在对应方框内打√）	配分（分）	得分
1.2　安装资料 A	（1）安装许可证和安装告知书，许可范围能够覆盖所施工电梯的相应参数 （2）施工和验收手续齐全 （3）施工现场作业人员持有的特种设备作业人员证 （4）施工过程记录和自检报告，检查和试验项目齐全、内容完整，施工和验收手续齐全 （5）变更设计证明文件（如安装中变更设计时），履行了由使用单位提出、经整机制造单位同意的程序 （6）安装质量证明文件应包括电梯安装合同编号、安装单位安装许可证编号、产品出厂编号、主要技术参数等内容，并且有安装单位公章或者检验合格章以及竣工日期	审查相应资料。第（1）~（3）项在报检时审查，其中第（3）项在进行其他项目的检验时还应查验；第（4）项和第（5）项在试验时查验；第（6）项在竣工后审查	★**检验结论：**□合格　□不合格	20	

续表

工作内容	检验内容与要求	检验方法	检验过程与结果 （在对应方框内打√）	配分（分）	得分
1.4 使用资料 B	（1）使用登记资料，内容与实物相符 （2）安全技术档案，至少包括1.1、1.2、1.3（改造、重大修理资料）所述文件资料［1.2的第（3）项和1.3的第（4）项除外］，以及监督检验报告、定期检验报告、日常检查与使用状况记录、日常维护保养记录、年度自行检查记录或者报告、应急救援演习记录、运行故障和事故记录等，且应保存完好。本规则实施前电梯已经完成安装、改造或重大维修的，1.1、1.2、1.3项所述文件资料如有缺陷，应由使用单位联系相关单位予以完善，可不作为本项审核结论的否决内容 （3）以岗位责任制为核心的电梯运行管理规章制度，包括事故与故障的应急措施和救援预案、电梯钥匙使用管理制度等 （4）与取得相应资格单位签订的日常维护保养合同 （5）按照规定配备的电梯安全管理和作业人员的特种设备作业人员证	定期检验和改造、重大维修过程的监督检验时查验；新安装电梯的监督检验进行试验时查验第（3）~（5）项，以及第（2）项中所需记录表格的制订情况。如试验时使用单位尚未确定，应当由安装单位提供第（2）~（4）项查验内容范本，第（5）项应要求交接备忘录	★**检验结论：**□合格　□不合格	30	
合计：　　分					

三、填写《电梯技术资料监督检验报告单》

《电梯技术资料监督检验报告单》是在实施检验后形成的综合性的检验结果明细单，是结论性的文件。根据任务实施情况，完成《电梯技术资料监督检验报告单》。检验结论使用“合格”“不合格”“无此项”等规范用语。

电梯技术资料监督检验报告单

序号	检验类别	检验项目及其内容			检验结论	备注
1	A	1 技术资料	1.1 制造资料	制造许可证明文件		
				整机型式试验合格证书或报告书		
				产品质量证明文件		
				安全保护装置、主要部件的型式试验合格证书及有关资料		
				机房（机器设备间）和井道布置图		
				电气原理图		
				安装、使用及维护说明书		
2	A		1.2 安装资料	安装许可证和安装告知书		
				施工和验收手续		
				特种设备作业人员证件		
				施工过程记录和自检报告		
				设计变更证明文件		
				安装质量证明文件		
3	B		1.4 使用资料	使用登记资料		
				安全技术档案		
				电梯运行管理规章制度		
				维护保养合同		
				特种设备作业人员证件		

学习活动4　工作总结与评价

学习目标

1. 能按分组情况，派代表展示工作成果，说明本次任务的完成情况，并做分析总结。

2. 能结合任务完成情况，正确规范地撰写工作总结。

3. 能就本次任务中出现的问题提出改进措施。

4. 能对学习与工作进行反思总结，并能与他人开展良好合作，进行有效沟通。

建议学时　2学时

学习过程

一、个人、小组评价

以小组为单位，选择演示文稿、展板、海报、视频等形式中的一种或几种，向全班展示、汇报工作成果。在展示的过程中，以小组为单位进行评价；评价完成后，根据其他小组对本组展示成果的评价意见进行归纳总结。

汇报思路设计：

其他小组的评价意见：

二、教师评价

认真听取教师对本小组展示成果优缺点以及在完成任务过程中出现的亮点和不足的评价意见，并做好记录。

1．教师对本小组展示成果优点的点评。

2．教师对本小组展示成果缺点及改进方法的点评。

3．教师对本小组在整个任务完成过程中出现的亮点和不足的点评。

三、工作过程回顾及总结

1．在团队学习过程中，项目负责人给你分配了哪些工作任务？你是如何完成的？还有哪些需要改进的地方？

2．总结完成电梯技术资料监督检验任务过程中遇到的问题和困难，列举 2 ~ 3 点你认为比较值得和其他同学分享的工作经验。

3．回顾本学习任务的工作过程，对新学专业知识和技能进行归纳和整理，撰写工作总结。

评价与分析

按照客观、公正和公平原则，在教师的指导下按自我评价、小组评价和教师评价三种方式对自己或他人在本学习任务中的表现进行综合评价。综合等级按：A（90 ~ 100）、B（75 ~ 89）、C（60 ~ 74）、D（0 ~ 59）四个级别进行填写。

学习任务综合评价表

<table>
<tr><th rowspan="2">考核项目</th><th rowspan="2">评价内容</th><th rowspan="2">配分（分）</th><th colspan="3">评价分数</th></tr>
<tr><th>自我评价</th><th>小组评价</th><th>教师评价</th></tr>
<tr><td rowspan="6">职业素养</td><td>劳动保护用品穿戴完备，仪容仪表符合工作要求</td><td>5</td><td></td><td></td><td></td></tr>
<tr><td>安全意识、责任意识、服从意识强</td><td>6</td><td></td><td></td><td></td></tr>
<tr><td>积极参加教学活动，按时完成各项学习任务</td><td>6</td><td></td><td></td><td></td></tr>
<tr><td>团队合作意识强，善于与人交流和沟通</td><td>6</td><td></td><td></td><td></td></tr>
<tr><td>自觉遵守劳动纪律，尊敬师长，团结同学</td><td>6</td><td></td><td></td><td></td></tr>
<tr><td>爱护公物，节约材料，管理现场符合 6S 标准</td><td>6</td><td></td><td></td><td></td></tr>
<tr><td rowspan="3">专业能力</td><td>专业知识扎实，有较强的自学能力</td><td>10</td><td></td><td></td><td></td></tr>
<tr><td>操作积极，训练刻苦，具有一定的动手能力</td><td>15</td><td></td><td></td><td></td></tr>
<tr><td>技能操作规范，注重检验工艺，工作效率高</td><td>10</td><td></td><td></td><td></td></tr>
<tr><td rowspan="2">工作成果</td><td>电梯技术资料监督检验符合规范要求</td><td>20</td><td></td><td></td><td></td></tr>
<tr><td>工作总结符合要求</td><td>10</td><td></td><td></td><td></td></tr>
<tr><td colspan="2">总分</td><td>100</td><td></td><td></td><td></td></tr>
<tr><td rowspan="2">总评</td><td rowspan="2">自我评价 ×20%+ 小组评价 ×20%+ 教师评价 ×60%=</td><td>综合等级</td><td colspan="3" rowspan="2">教师（签名）：</td></tr>
<tr><td></td></tr>
</table>

学习任务二　电梯机房监督检验

学习目标

1. 能查阅相关标准和行业规范，正确填写《电梯机房监督检验工作任务单》。

2. 能根据《电梯机房监督检验工作任务单》，制订检验实施计划。

3. 能正确使用钢卷尺等检验工具，正确穿戴安全防护用品，严格执行安全技术标准和6S管理规定。

4. 能协同小组成员完成电梯机房监督检验工作。

5. 能对电梯机房监督检验各分项目做出是否合格的判断，并对检验不合格的项目给出正确的处理意见。

6. 能主动获取有效信息，展示工作成果，对学习与工作进行总结反思，并能与他人开展良好合作，进行有效沟通。

建议学时

20学时

工作情景描述

某楼盘有一台产品编号为E/3003的曳引式电梯，近期刚完成安装和调试。电梯安装公司为了在合同约定日期内将电梯交付使用单位，拟安排工程部根据《电梯监督检验和定期检验规则——曳引与强制驱动电梯》（TSG T7001—2009）、《电梯制造与安装安全规范》（GB 7588—2003）等技术标准文件，对电梯进行机房监督检验自检，两天完成。

工作流程与活动

学习活动 1　明确检验任务（2 学时）

学习活动 2　检验前的准备（2 学时）

学习活动 3　实施检验（14 学时）

学习活动 4　工作总结与评价（2 学时）

学习活动 1　明确检验任务

学习目标

1. 能正确填写《电梯机房监督检验工作任务单》，明确完成任务的相关要素。

2. 能正确阅读《电梯机房监督检验项目、内容及要求》，明确任务包含的检验项目、检验内容及要求。

3. 能根据任务要求正确填写《工作联系单》。

4. 能进行电梯机房监督检验安全技术交底。

建议学时　2 学时

学习过程

一、明确工作任务

1．查阅受检电梯档案资料和技术规范文件，完成《电梯机房监督检验工作任务单》的填写。

电梯机房监督检验工作任务单

开始日期	年　月　日	任务单号	
任务描述	某楼盘有一台产品编号为 E/3003 的曳引式电梯，近期刚完成安装和调试。电梯安装公司为了在合同约定日期内将电梯交付使用单位，拟安排工程部根据《电梯监督检验和定期检验规则——曳引与强制驱动电梯》（TSG T7001—2009）、《电梯制造与安装安全规范》（GB 7588—2003）等技术标准文件，对电梯进行机房监督检验自检，两天完成		
设备品种		型号	
制造单位名称			

续表

<table>
<tr><td colspan="2">产品编号</td><td></td><td>制造日期</td><td></td></tr>
<tr><td colspan="2">施工单位名称</td><td colspan="3"></td></tr>
<tr><td colspan="2">施工单位许可证明文件编号</td><td></td><td>施工类别</td><td>（安装、改造、重大修理）</td></tr>
<tr><td colspan="2">安装地点</td><td></td><td>使用登记证编号</td><td></td></tr>
<tr><td colspan="2">使用单位名称</td><td colspan="3"></td></tr>
<tr><td colspan="2">维护保养单位名称</td><td colspan="3"></td></tr>
<tr><td rowspan="2">设备技术参数</td><td>额定载重</td><td>______kg</td><td>额定速度</td><td>______m/s</td></tr>
<tr><td>层站门数</td><td>______层站门</td><td>控制方式</td><td>______</td></tr>
<tr><td>检验依据</td><td colspan="4">《电梯监督检验和定期检验规则——曳引与强制驱动电梯》(TSG T7001—2009，含第 1 号、第 2 号修改单）</td></tr>
<tr><td>主要检验工具、仪器仪表及设备</td><td colspan="4"></td></tr>
</table>

2．仔细阅读《电梯机房监督检验项目、内容及要求》，查阅电梯检规及电梯标准文件，填空并回答问题。

电梯机房监督检验项目、内容及要求

<table>
<tr><th colspan="3">检验项目及内容</th><th>检验要求</th></tr>
<tr><td rowspan="4">2 机房（机器设备间）及相关设备</td><td colspan="2">2.2 机房（机器设备间）专用 C</td><td>机房应当________，不得用于电梯以外的其他用途</td></tr>
<tr><td rowspan="3">2.3 安全空间 C</td><td>控制柜前的净空面积</td><td>在控制屏和控制柜前有一块净空面积，其深度不小于________m，宽度为________m 或屏、柜的全宽（两者中的大值），净高度不小于________m</td></tr>
<tr><td>维修、操作处的净空面积</td><td>对运动部件进行维修和检查以及紧急操作的地方有一块不小于________m × ________m 的水平净空面积，其净高度不小于________m</td></tr>
<tr><td>楼梯（台阶）、护栏</td><td>机房地面高度不一并且相差大于________m 时，应当设置楼梯或者台阶，并且设置护栏</td></tr>
</table>

续表

检验项目及内容			检验要求
2 机房（机器设备间）及相关设备	2.4　地面开口 C		机房地面上的开口应当______，位于井道上方的开口必须采用______，且应凸出地面至少______mm
	2.5 照明与插座 C	电源插座	机房应当至少设置一个______型电源插座
		井道、轿厢照明和插座电源开关	应当在______控制井道照明、轿厢照明和插座电路电源的开关
	2.6 主开关 B	主开关设置	每台电梯都应______主开关，主开关应当易于接近和操作 无机房电梯主开关的设置还应当符合以下要求： （1）如果控制柜不是安装在井道内，主开关应当安装在______内；如果控制柜安装在井道内，主开关应当设置在______装置上 （2）如果从控制柜处不容易直接操作主开关，该控制柜应当设置能够分断______的断路器 （3）在电梯驱动主机附近______m 之内，应当有可以接近的主开关或者符合要求的停止装置，并且能够方便地进行操作
		防止误操作装置	主开关应当具有______的断开和闭合位置，并且在断开位置时能用______或其他等效装置锁住，能够有效地防止______
		标志	如果不同电梯的部件共用一个机房，则每台电梯的主开关应当与驱动主机、控制柜、限速器等采用______的标志
	2.7 驱动主机 B	铭牌	驱动主机上设有______，标明制造单位名称、型号、编号、技术参数和型式试验机构的名称或者标志，铭牌内容和型式试验证书内容______
	2.8 控制柜、紧急操作和动态测试装置 B	铭牌	控制柜上设有铭牌，标明制造单位名称、______、______、______和型式试验机构的名称或者标志，铭牌内容和______内容相符
		制动器电气装置设置	电梯正常运行时，切断制动器电流至少要用______的电气装置来实现。当电梯停止时，如果其中一个接触器的______，最迟到______改变时，应当防止电梯______
		分体式能量回馈节能装置	加装的分体式______装置应当设有______，标明制造单位名称、型号、编号、主要技术参数，铭牌内容和该装置的______文件相符
		IC 卡系统	加装的 IC 卡系统应当设有______，标明______、型号、编号、主要技术参数，铭牌内容和该系统的产品质量证明文件内容相符

续表

<table>
<tr><th colspan="3">检验项目及内容</th><th>检验要求</th></tr>
<tr><td rowspan="7">2 机房（机器设备间）及相关设备</td><td>2.9 限速器 B</td><td>铭牌</td><td>限速器上应当设有铭牌，标明________、型号、编号、________和________的名称或者标志，铭牌内容和型式试验证书、调试证书内容相符，且铭牌上标注的限速器动作速度与受检电梯相适应</td></tr>
<tr><td>2.10 接地 C</td><td>中性导体与保护导体的设置</td><td>（1）供电电源自进入机房或者机器设备间起，中性线（N）与保护线（PE）应当________
（2）所有电气设备及线管、线槽的外露可导电部分应与保护线可靠连接</td></tr>
<tr><td rowspan="2">2.12 轿厢上行超速保护装置 B</td><td>铭牌</td><td>轿厢上行超速保护装置上应当设有铭牌，标明制造单位名称、型号、编号、技术参数和________的名称或者标志，铭牌内容和________内容相符</td></tr>
<tr><td>试验方法</td><td>电梯整机制造单位应当在控制柜或者________和________上标注轿厢上行超速保护装置动作试验方法</td></tr>
<tr><td rowspan="2">2.13 轿厢意外移动保护装置 B</td><td>铭牌</td><td>轿厢意外移动保护装置上应当设有铭牌，标明制造单位名称、型号、编号、技术参数和________的名称或者标志，铭牌内容和________内容相符</td></tr>
<tr><td>试验方法</td><td>控制柜或者紧急操作和动态测试装置上标注________单位规定的轿厢意外移动保护装置动作试验方法，该方法与________所标注的方法一致</td></tr>
</table>

（1）电梯机房监督检验需要用到哪些防护用品和检验工具?

（2）在电梯机房监督检验中，只检查限速器的型式试验合格证书、调试证书与铭牌是否完整一致，如何才能保证其安全、可靠呢?

（3）电梯供电系统一般采用哪种线制？画图说明。

（4）上行超速保护的实现形式主要有哪几种?

（5）简述轿厢意外移动保护装置的工作原理。

（6）如何开展轿厢意外移动保护装置的检验?

3．阅读并填写《工作联系单》。

工作联系单

编号：

工程名称	电梯机房监督检验	日期	
接收单位		抄送单位	
主题			
联系情况记录：			
接收单位		发出单位	
工程负责人		技术负责人	

二、安全技术交底

阅读《电梯机房监督检验安全技术交底》，进一步明确电梯机房监督检验安全技术交底的内容，了解可能存在的风险，避免发生安全事故。

电梯机房监督检验安全技术交底

工程名称	
施工内容	
安全技术交底内容	
一、电梯机房检验安全防护要求 1．检验人员应当正确着装，佩戴安全帽，穿防护鞋，扣紧领口、袖口，女员工束紧长发，摘除身上佩戴的首饰等物品 2．检验人员应当在使用单位电梯管理人员的配合下实施检验；学校组织课堂教学时每组检验学员同时进入机房的人数不超过 4 人 3．检验前，应当将标明正在检验的标示牌和围栏放置于电梯井道入口处，确认轿厢内无人 4．机房检验事故预防：防止检验工具从井道开口处坠落；机房承重梁端部未经钝化处理，注意避免发生碰撞事故；检验人员应当注意机房内旋转设备的防护（包括曳引轮、限速器、导向轮等设备），在旋转设备周围检验时，严禁戴手套 二、机房电气部分检验的安全要求 1．对是否达到“切断电梯主开关，设置明显的警示及安全标志”的要求进行确认 2．在对电气设备或线路进行测试时，做到一人操作，另一人监护 3．需要使用短接线进行电路短接操作时，必须使电梯处于检修状态，停止开关处于“停止”位置。在相关检验操作完成后，应立即取下短接线	

续表

<table>
<tr><th colspan="4">安全技术交底内容</th></tr>
<tr><td colspan="4">4．某些电梯机房设备部件（如电容器、变频器等）即使在切断电源后仍然带有残余电能，残余电能可能导致人员触电或者设备的意外动作。针对这些电梯设备部件，在进行检验之前，应当通过接地或者按照设备说明书上的要求释放残余电能
三、机房监督检验安全技术流程
1．进入机房：打开机房门，打开照明。机房内未经许可，严禁碰触设备
2．机房作业：严格遵守专业技术规范和安全守则开展作业
3．退出机房：恢复设备开关，检查工具、仪表等是否带出，在确认无误后退出机房，关闭照明和机房门
4．安全强化：要求学员能对现场可能出现的安全事故进行叙述，并给出预防措施</td></tr>
<tr><td>交底人</td><td></td><td>交底日期</td><td></td></tr>
<tr><td>接受人</td><td></td><td>接受日期</td><td></td></tr>
</table>

（1）在机房进行监督检验，对安全方面有什么要求？

（2）在机房进行监督检验，对检验人员的数量有何要求？

（3）在进行电梯机房监督检验前应做好哪些防护措施，以保护检验人员的安全？

（4）进行机房电气检验前应主要注意哪些问题?

（5）机房检验有哪些常见的事故？举例说明。

学习活动2　检验前的准备

学习目标

1. 能合理制订检验实施计划，包含实施流程计划、时间计划、组织计划等。

2. 掌握电梯机房监督检验的主要技术要点。

3. 能正确选用电梯机房监督检验所需工具、仪器仪表及检验设备。

4. 掌握钢卷尺的使用方法。

5. 能正确穿戴个人安全防护用品，明确施工现场6S管理规定。

建议学时　2学时

学习过程

一、制订检验实施计划

阅读《电梯机房监督检验实施计划》，将其补充完整。

电梯机房监督检验实施计划

主题	分计划内容		备注
制订电梯机房监督检验实施计划	实施流程计划	按照《电梯机房监督检验项目、内容及要求》中的顺序实施	
	时间计划	电梯机房监督检验任务实施 开始时间： 结束时间： 用时计划：	

续表

<table>
<tr><th>主题</th><th colspan="2">分计划内容</th><th>备注</th></tr>
<tr><td>制订电梯机房监督检验实施计划</td><td>组织计划</td><td>任务实施小组组内分工
现场检测：
数据记录：
现场拍照、录像：
检验结果分析、归纳、评价与判断：</td><td></td></tr>
</table>

二、电梯机房监督检验技术要点与标准分析

阅读《电梯机房监督检验技术要点与标准分析》，回答下列问题。

电梯机房监督检验技术要点与标准分析

<table>
<tr><th colspan="3">检验项目及内容</th><th>技术要点与标准分析</th><th>备注</th></tr>
<tr><td rowspan="7">2　机房（机器设备间）及相关设备</td><td colspan="2">2.2　机房（机器设备间）专用 C</td><td>GB 7588—2003 规定，机房内可以设置：杂物电梯或自动扶梯的驱动主机、空调或采暖设备（但不能设置以蒸汽和高压水加热的采暖设备，因为热的水蒸气易使机房湿度增大，导致设备锈蚀、电气绝缘能力降低等）、火灾探测器和灭火器（具有高的动作温度，适用于电气设备，有一定的稳定期且有防意外碰撞的合适的保护）</td><td></td></tr>
<tr><td rowspan="3">2.3　安全空间 C</td><td>控制柜前的净空面积</td><td rowspan="3">控制柜前的净空面积，维修、操作处的净空面积两项对控制屏和控制柜前用于检验、调试、维修等用途的净空面积尺寸、对运动部件进行维修和检查以及人工紧急操作处的净空面积尺寸做出了规定。对楼梯（台阶）、护栏项提出要求的目的，是为了便于检验和作业人员操作，并防止坠落</td><td rowspan="3"></td></tr>
<tr><td>维修、操作处的净空面积</td></tr>
<tr><td>楼梯（台阶）、护栏</td></tr>
<tr><td colspan="2">2.4　地面开口 C</td><td>机房地板上有曳引绳、限速器绳、选层钢带、电缆通过的开口等，设置圈框的目的是为了防止物体从这些开口处坠落。“尽量小”的前提是满足使用，也就是运行中的悬挂钢丝绳、限速器绳等与楼板不应有摩擦的可能</td><td></td></tr>
<tr><td rowspan="2">2.5　照明与插座 C</td><td>电源插座</td><td rowspan="2">《电梯监督检验规程》（2002 年版，以下简称 02 版检规）未对机房电源插座形式做出规定。本版检规（TSG T7001—2009）则要求机房电源插座为 2P+PE 型</td><td rowspan="2"></td></tr>
<tr><td>井道、轿厢照明和插座电源开关</td></tr>
</table>

续表

检验项目及内容			技术要点与标准分析	备注
2　机房（机器设备间）及相关设备	2.5　照明与插座 C	电源插座	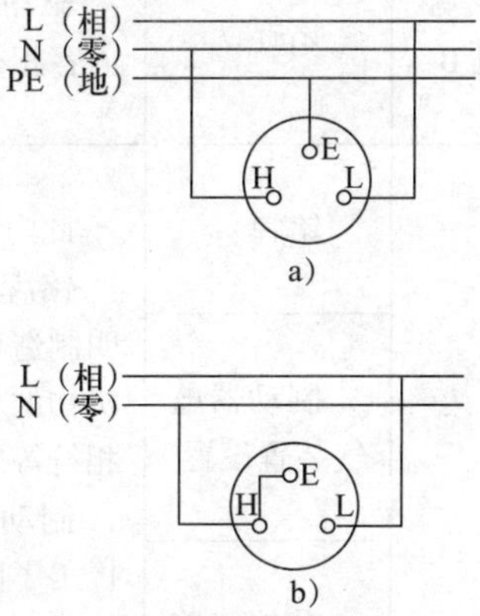 L（相） N（零） PE（地） E H L a） L（相） N（零） E H L b） 机房电源插座 a）2P+PE 型　b）不接 PE 型 主开关旁设置井道照明、轿厢照明和插座电路电源开关实物图	
		井道、轿厢照明和插座电源开关		
	2.6　主开关 B	主开关设置	与 02 版检规相比，本版检规增加了对无机房电梯主开关的设置要求，其目的是保证相关人员能够安全、方便、快捷地操纵主开关。其相关要求的理解要点如下： 轿厢内：一般设置在附加检修装置上、曳引机上或控制柜上 底坑内：一般设置在底坑内、附加检修装置上、曳引机上或控制柜上 平台上：一般设置在附加检修装置上、曳引机上或控制柜上	
		防止误操作装置		
		标志		

续表

<table>
<tr><th colspan="3">检验项目及内容</th><th>技术要点与标准分析</th><th>备注</th></tr>
<tr><td rowspan="6">2 机房（机器设备间）及相关设备</td><td>2.7 驱动主机 B</td><td>铭牌</td><td>驱动主机上设有铭牌，铭牌内容和型式试验证书内容相符</td><td></td></tr>
<tr><td rowspan="4">2.8 控制柜、紧急操作和动态测试装置 B</td><td>铭牌</td><td rowspan="4">此内容是 TSG T7001—2009 第 2 号修改单新增内容
铭牌项：增加了在控制柜上设置铭牌，铭牌上标明制造单位名称、型号、编号、技术参数和型式试验机构的名称或标志，铭牌内容和型式试验证书的内容相符等要求
制动器电气装置设置项：对制动器电气装置设置提出了明确的要求，即切断制动器电流至少要用两个独立的电气装置来实现。当电梯停止运行时，如果其中一个接触器的主触点未打开，最迟到下一次电梯运行方向改变时，应防止电梯再运行。注意，制动器电磁线圈的铁芯被视为机械部件（线圈除外） 
符合要求的制动器
分体式能量回馈节能装置项：增加了对电梯能量回馈节能装置的铭牌标识等信息的要求
IC 卡系统项：增加了加装的 IC 卡系统应当设有铭牌，铭牌上标明制造单位名称、型号、编号和主要技术参数，铭牌内容和该系统的产品质量证明文件内容相符等要求</td><td rowspan="4"></td></tr>
<tr><td>制动器电气装置设置</td></tr>
<tr><td>分体式能量回馈节能装置</td></tr>
<tr><td>IC 卡系统</td></tr>
<tr><td>2.9 限速器 B</td><td>铭牌</td><td>铭牌项对限速器铭牌提出了要求。对型号和型式试验机构标识等提出了要求，并要求铭牌内容和型式试验合格证书、调试证书的内容相符</td><td></td></tr>
</table>

续表

检验项目及内容			技术要点与标准分析	备注
2 机房（机器设备间）及相关设备	2.10 接地 C	中性导体与保护导体的设置	本项要求源于 GB 7588—2003 的 13.1.5：零线和接地线应始终分开。对于采用TN-S（三相五线制电源：T表示供电电源端有一点直接接地；N表示电气装置的外露可导电部分与电源端接地点有直接的电气连接；S表示中性导体和保护导体是分开的）供电的电梯，供电系统本身的零线和接地线是分开的，可以和电梯的电气系统直接进行连接，示例图如下： 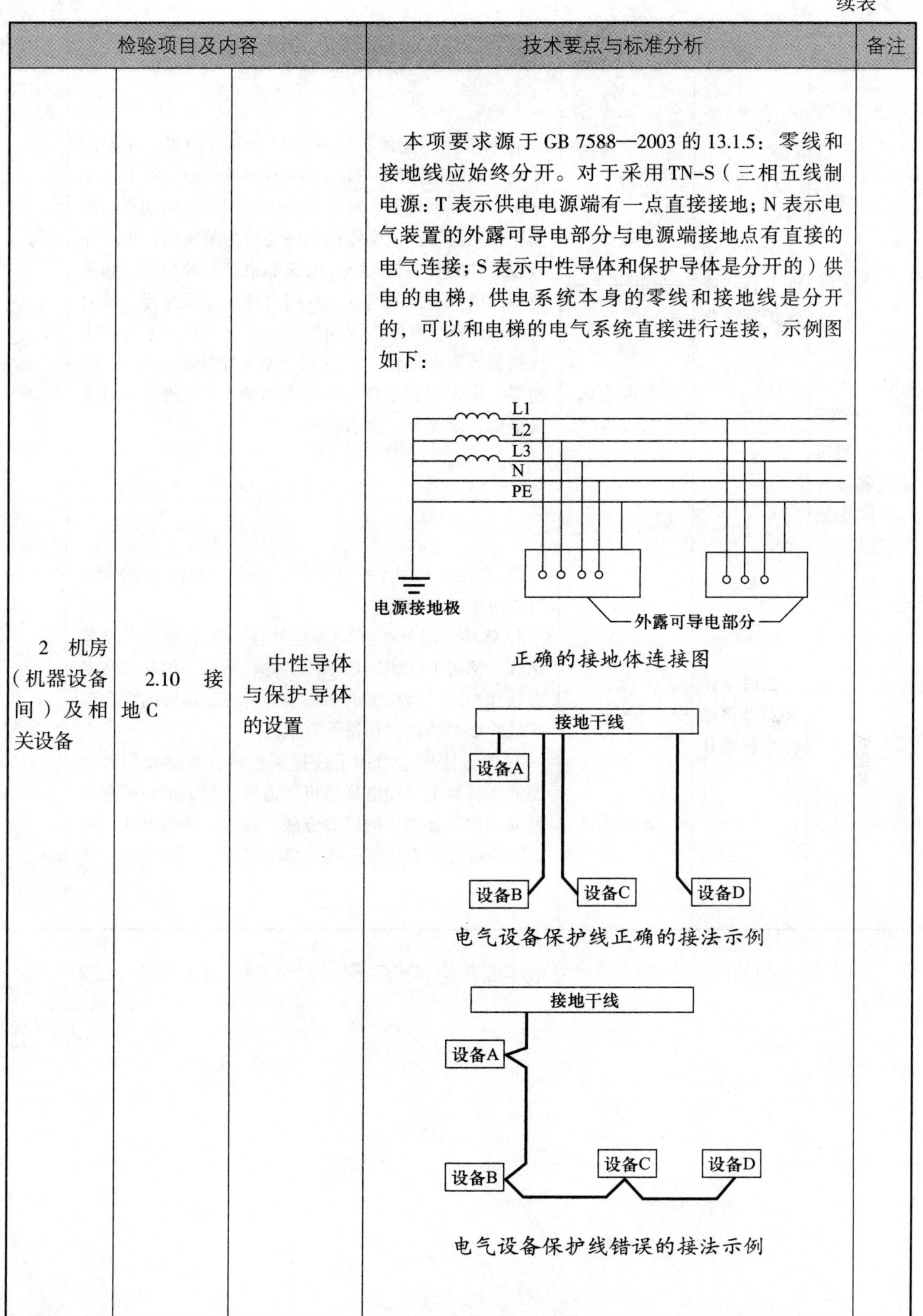 正确的接地体连接图 电气设备保护线正确的接法示例 电气设备保护线错误的接法示例	

续表

<table>
<tr><th colspan="3">检验项目及内容</th><th>技术要点与标准分析</th><th>备注</th></tr>
<tr><td rowspan="4">2 机房（机器设备间）及相关设备</td><td rowspan="2">2.12 轿厢上行超速保护装置 B</td><td>铭牌</td><td rowspan="2">轿厢上行超速保护装置由两个部分构成：速度监控元件和减速元件。减速元件有多种类型，如上行安全钳、导轨制动器、对重安全钳、钢丝绳制动器、曳引轮制动器等。速度监控元件通常为限速器，为了和减速元件的类型相匹配，限速器也有多种类型，如普通单向机械动作限速器、双向机械动作限速器、单向机械动作双电气触点限速器等。常见的轿厢上行超速保护装置有限速器 - 上行安全钳（导轨制动器）、限速器 - 钢丝绳制动器（也称夹绳器）、限速器 - 对重安全钳、限速器 - 曳引轮制动器</td><td rowspan="2"></td></tr>
<tr><td>试验方法</td></tr>
<tr><td rowspan="2">2.13 轿厢意外移动保护装置 B</td><td>铭牌</td><td rowspan="2">轿厢意外移动保护装置是 TSG T7001—2009 第 2 号修改单新增内容
铭牌项：增加了在轿厢意外移动保护装置上设置铭牌，铭牌上标明制造单位名称、型号、编号、技术参数和型式试验机构的名称或者标志，铭牌内容和型式试验证书的内容相符等要求
试验方法项：增加了在控制柜或者紧急操作和动态测试装置上标注电梯整机制造单位规定的轿厢意外移动保护装置动作的试验方法，且该方法与型式试验证书所标注的方法应一致等要求</td><td rowspan="2"></td></tr>
<tr><td>试验方法</td></tr>
</table>

（1）控制柜前的安全空间的尺寸最小要求是多少？预留安全空间的作用是什么？

（2）运动部件周围的安全空间的尺寸最小要求是多少？

（3）机房地面一般有哪些开口？

（4）设置圈框的目的是什么？

（5）试画出 2P+PE 型电源插座的电路原理图。

（6）控制井道照明、轿厢照明和插座电路电源的开关与主开关应如何设置？

（7）检规对多入口机房主开关做了哪些规定？

（8）为了便于在紧急情况下切断驱动主机电源，通常是通过装设什么来实现的？距离范围是多少？

（9）《安全色》（GB 2893—2008）规定，常用的红色、蓝色、黄色、绿色各代表什么含义？

（10）曳引能力验证试验包含哪四个试验？

（11）检规对制动器电气控制方面提出了哪些要求？

（12）现场常见的不符合检规要求的制动器有哪两类？

（13）检验限速器上的铭牌标识时应注意哪些内容？

（14）试画出 TN–S 系统的电路原理图。

（15）试画出电气设备保护线正确的接法示意图。

（16）常见的轿厢上行超速保护装置有哪几类？

三、电梯检验用具的选用（机房）

电梯检验用具一般可以分为仪器仪表、检验工具、检验设备、专用工具、防护用品和辅助用品。在下表中选出电梯机房监督检验需要的用具，并简要写出其作用。

电梯检验用具

类别	名称 （使用到的打√）	图示	作用
仪器仪表	□万用表		

续表

类别	名称 （使用到的打√）	图示	作用
仪器仪表	□验电笔	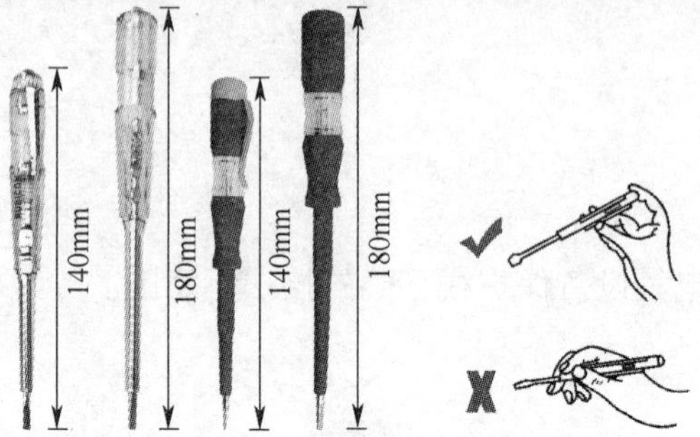	
	□温湿度计		
	□钳形电流表		
	□接地电阻测量仪		
	□绝缘电阻测量仪	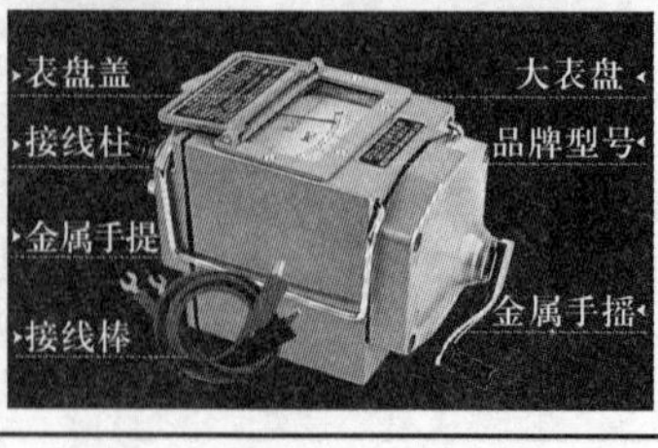	

续表

类别	名称（使用到的打√）	图示	作用
仪器仪表	□转速表		
	□声级计	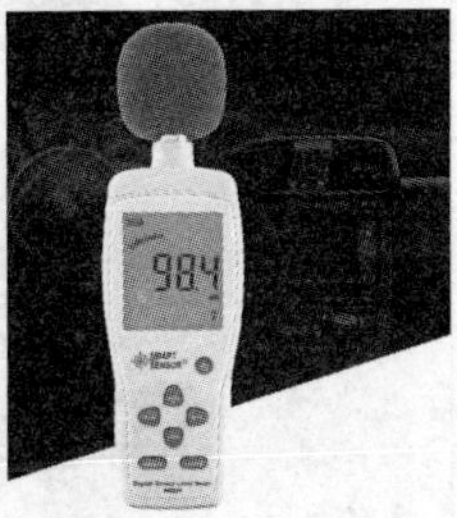	
	□光照度计		
	□测力计	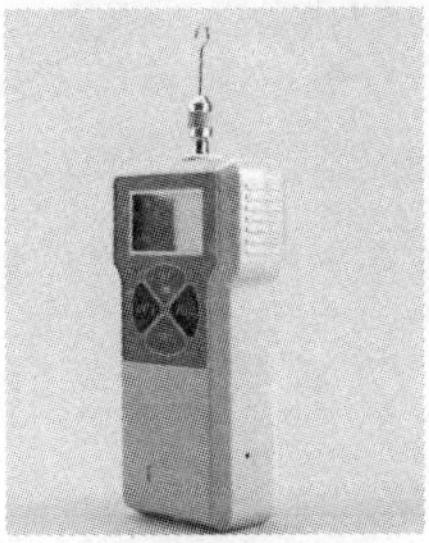	
	□超声波测距仪		

续表

类别	名称（使用到的打√）	图示	作用
仪器仪表	□激光测距仪		
检验工具	□钢卷尺		
	□钢直尺	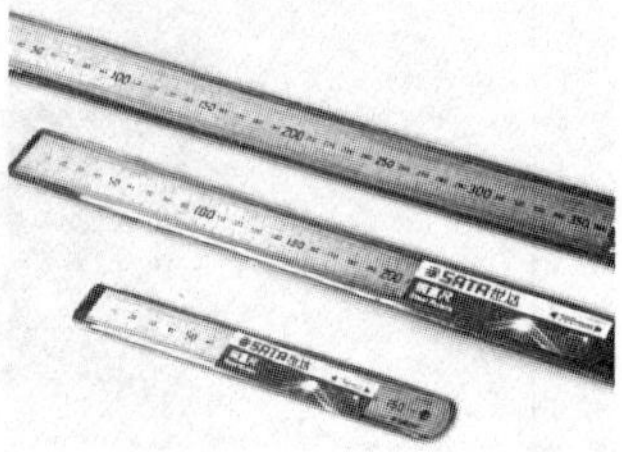	
	□直角尺	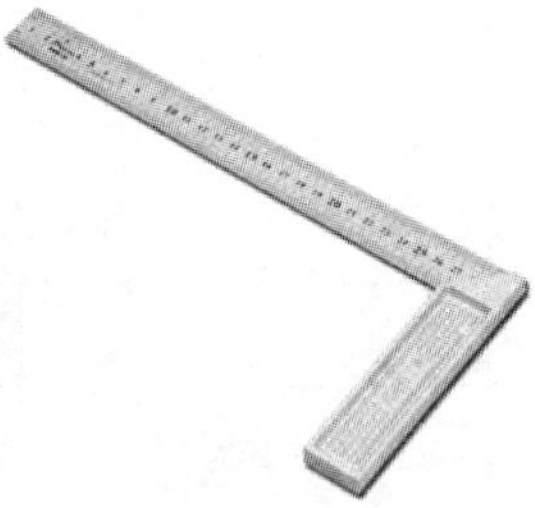	
	□游标卡尺		

续表

类别	名称 （使用到的打√）	图示	作用
检验工具	□气泡水平仪	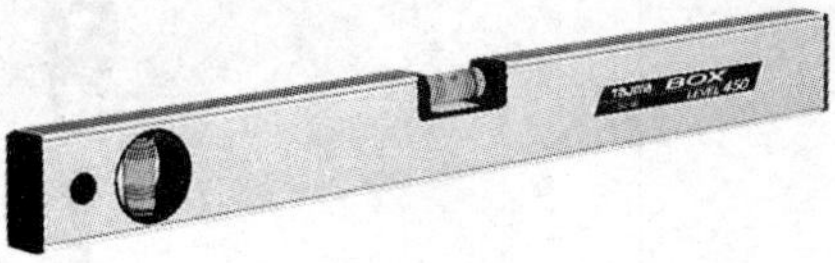	
	□塞尺		
	□磁力线坠		
	□放大镜	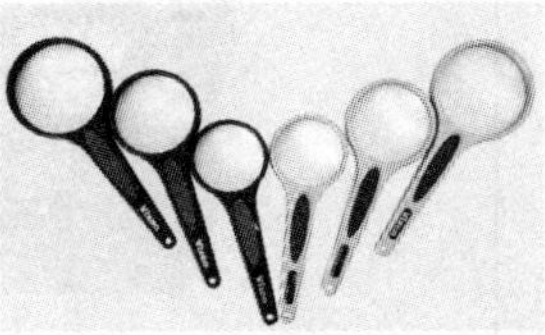	
	□活扳手	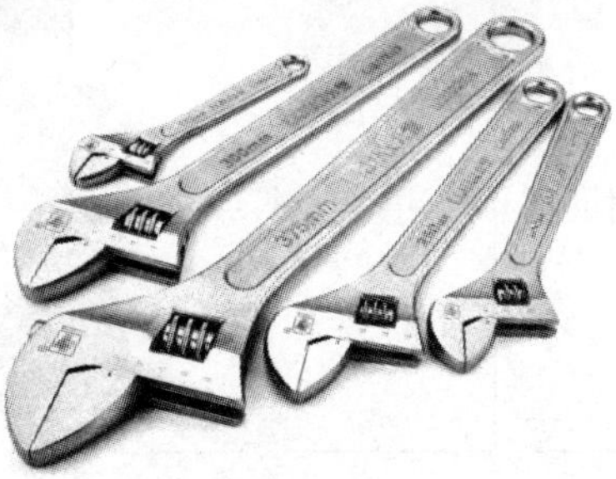	
	□十字旋具		

续表

类别	名称（使用到的打√）	图示	作用
检验工具	□一字旋具		
检验设备	□限速器测试设备	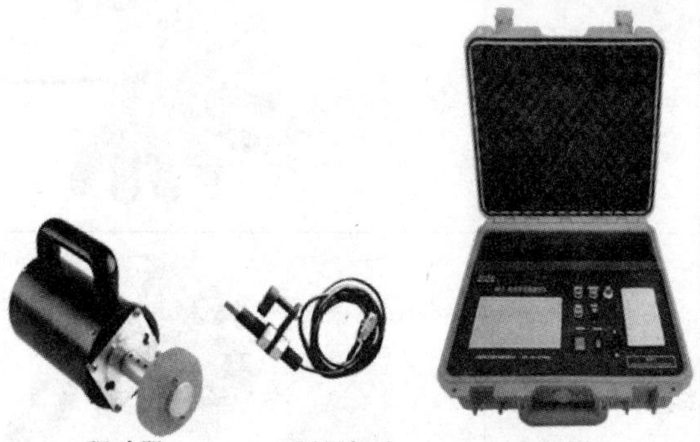 驱动器　测量探头　主机	
	□钢丝绳探伤仪	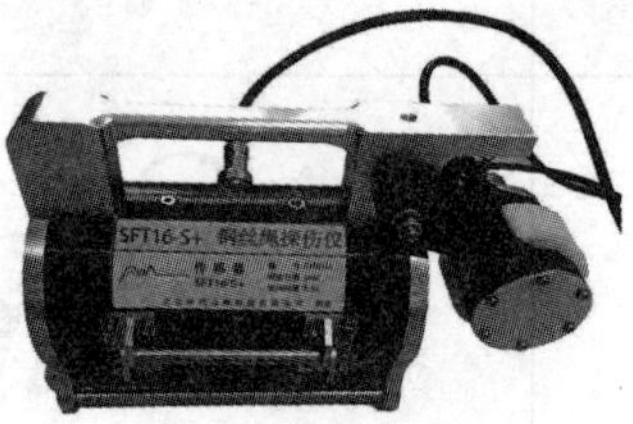	
	□导轨垂直度测量仪		
	□振动加速度测量仪	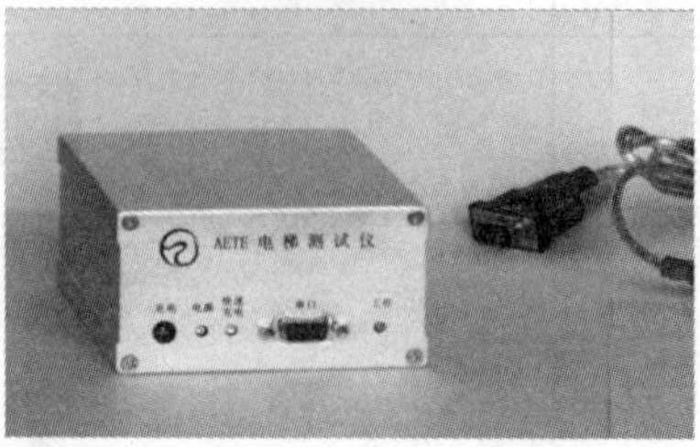	

续表

类别	名称 （使用到的打√）	图示	作用
专用工具	□安全护栏		
	□三角钥匙	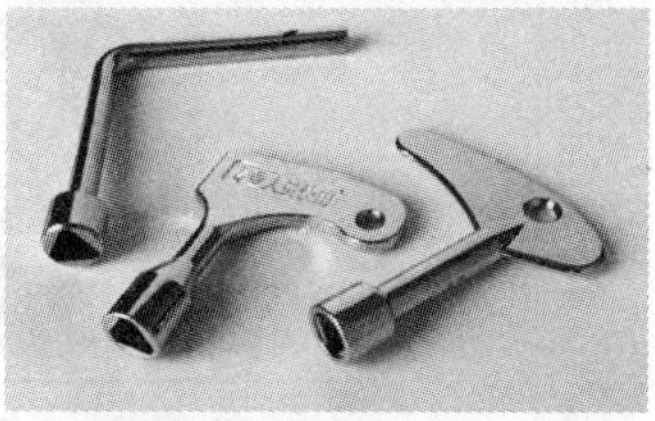	
	□电梯专用阻门器	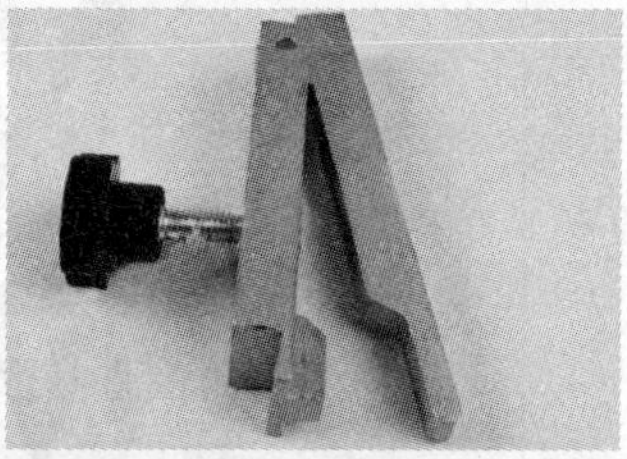	
	□宽口游标卡尺	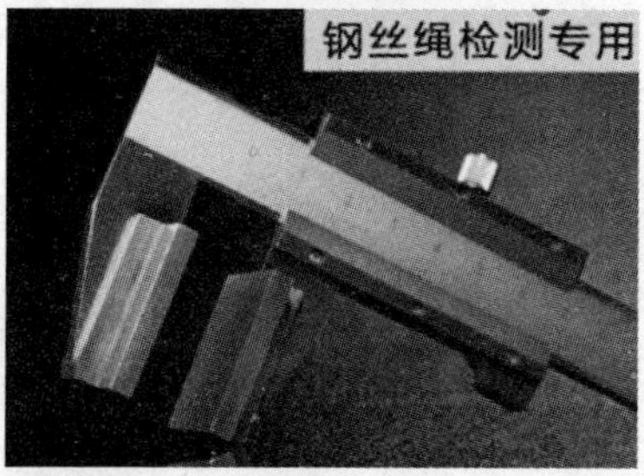	
防护用品	□安全帽		
	□安全鞋		

续表

类别	名称 （使用到的打√）	图示	作用
防护用品	□工作服	 藏蓝色 浅灰色 瓦灰色	
	□劳保手套	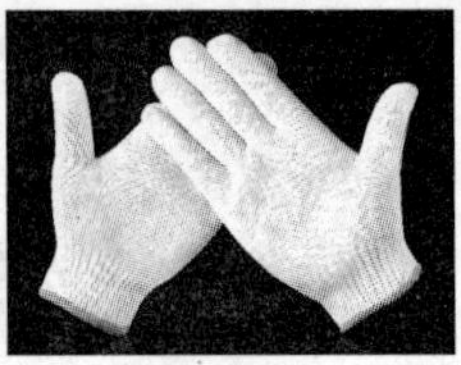	
	□吊索（高空作业安全带）		
辅助用品	□对讲机		
	□手电筒		
	□照相机（或手机）		

四、钢卷尺的使用方法

钢卷尺是电梯检验任务中最常使用，也是最频繁使用的工具之一。查阅相关资料，回答下列问题。

钢卷尺的使用方法

序号	图示	使用方法	说明
1		使用钢卷尺时，拉出尺带不得用力过猛，而应慢慢拉出，用完也应慢慢退回。对于制动式钢卷尺，应先按“制动”按钮，然后慢慢拉出尺带，用完再按“制动”按钮，尺带自动收卷。尺带只能卷，不能折	钢卷尺的尺带一般镀铬、镍等涂料，要保持清洁，测量时不要使其与被测表面摩擦，以防刮伤。不允许将钢卷尺放置在潮湿和有酸类气体的地方，以防锈蚀
2		使用过程中，当钢卷尺端部的小孔挂在螺钉上时，不可用大力拉扯钢卷尺，否则容易造成钢卷尺端部变形，影响测量的准确度	利用钢卷尺上的小孔可以很方便地将钢卷尺固定在一些尖小的物体上，如螺钉上，从而增加测量的方便性，提高测量的准确度
3		使用过程中，用钢卷尺端部的锯齿在物体上做标记时，不可用力过猛，只需轻轻滑动端头即可	大多数钢卷尺钩子的底边都是锯齿状的，这样可以方便地在被测物体表面做标记，以便于在测量过程中及时画线，提高工作效率

续表

序号	图示	使用方法	说明
4	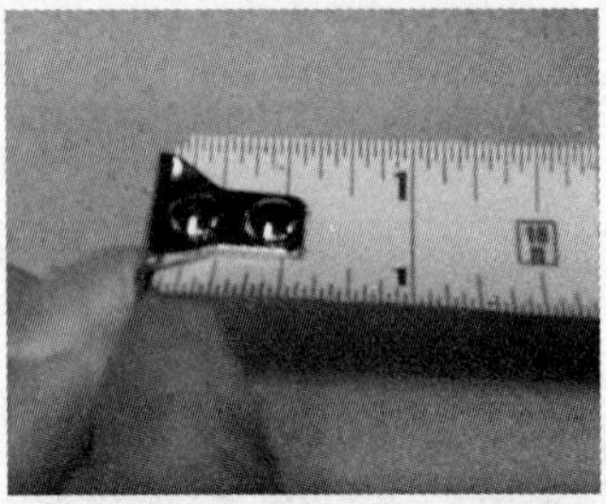	—	钢卷尺的前端是可以活动的，一般情况下第一格的刻度要比第二格的刻度短，这并不会影响钢卷尺的精度，反而会更加精确
		顶着测量物体长度时，要检查端部活动头是否灵活、不受卡阻，注意尺带不可过度松弛而影响测量精度	钢卷尺有顶着物体测量和拉着物体测量两种方式 当顶着或拉着物体测量时，钢卷尺挂钩的厚度就是第一格刻度比第二格刻度少掉的部分
	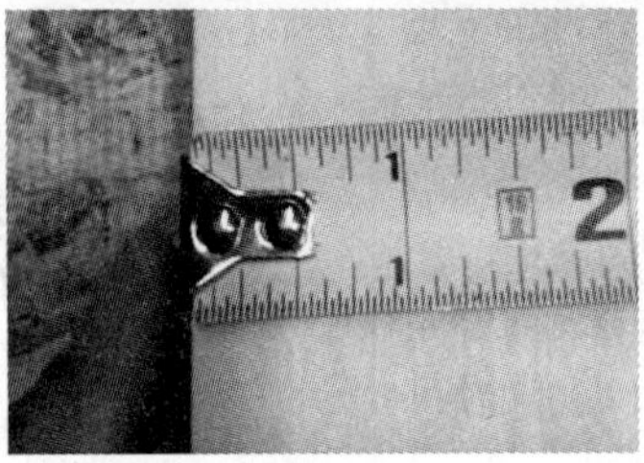	拉着物体测量长度时，要检查端部活动头是否灵活、不受卡阻，注意拉动尺带时不可用力过猛，以免尺带端头受力过大而变形，造成测量误差或错误	

（1）钢卷尺端部的孔洞有什么作用？

（2）钢卷尺端部一般都有锯齿状边缘，其作用是什么？

（3）钢卷尺端部可以前后活动，是什么原因？

学习活动3　实 施 检 验

学习目标

1. 能进行电梯机房监督检验条件确认与安全风险评估。

2. 能根据 TSG T7001—2009 中电梯机房监督检验项目、内容与要求，实施电梯机房监督检验。

3. 能判断检验项目是否合格，分析原因，并提出整改措施。

4. 能根据检验情况，完成《电梯机房监督检验报告单》。

建议学时　14 学时

学习过程

一、条件确认与安全风险评估

在进行机房监督检验工作之前，应确认实施条件是否具备，并正确评估检验现场的安全风险。

认真阅读《条件确认与安全风险评估表》，逐项进行确认。此表实行负面清单制，只进行扣分记录，当出现扣分项，暂停实操，进行整改。

条件确认与安全风险评估表

任务名称：________ 检验人员：________ 日期： 年 月 日

<table>
<tr><th>实施检验前条件项目</th><th colspan="4">内容（任务准备不足、违反安全文明生产，酌情扣 10 ~ 100 分）</th><th colspan="2">是否合格</th><th>违规记录</th><th>备注</th></tr>
<tr><td rowspan="3">一、职业素养</td><td colspan="4">1. 服从工作组长（教师）安排，遵守现场纪律，落实安全责任</td><td colspan="2">□合格 □不合格</td><td></td><td></td></tr>
<tr><td colspan="4">2. 手机关机或振动，并存放于指定的位置</td><td colspan="2">□合格 □不合格</td><td></td><td></td></tr>
<tr><td colspan="4">3. 认真理解并执行 6S 管理（安全、整理、整顿、清扫、清洁、素养）</td><td colspan="2">□合格 □不合格</td><td></td><td></td></tr>
<tr><td rowspan="3">二、安全防护</td><td colspan="4">1. 规范佩戴安全帽（符合国标 GB 2811—2019《头部防护 安全帽》）</td><td colspan="2">□合格 □不合格</td><td></td><td></td></tr>
<tr><td colspan="4">2. 穿着工服，上衣无拉链（扣子式），穿长裤。严禁穿短裤，女生必须束发</td><td colspan="2">□合格 □不合格</td><td></td><td></td></tr>
<tr><td colspan="4">3. 穿着安全鞋，严禁穿拖鞋</td><td colspan="2">□合格 □不合格</td><td></td><td></td></tr>
<tr><td>三、工具选择（选用打√）</td><td>□万用表
□钳形电流表
□接地电阻测量仪
□绝缘电阻测量仪
□加、减速度测量仪
□转速表</td><td>□限速器测试设备
□钢丝绳探伤仪
□导轨垂直度测量仪
□声级计
□游标卡尺
□气泡水平仪</td><td>□塞尺
□磁力线坠
□湿度计
□温度计
□放大镜
□测力计</td><td>□活扳手
□验电笔
□对讲机
□手电筒
□十字旋具
□一字旋具</td><td>□照相机
□直角尺
□钢直尺
□钢卷尺
□阻门器
□三角钥匙</td><td>□护栏
□超声波测距仪
□激光测距仪
□其他：________</td><td></td><td></td></tr>
<tr><td>四、安全风险评估（认识检验过程中可能发生的安全风险）</td><td colspan="6">□人员坠落井道 □工具坠落井道 □剪切 □碰撞 □旋转设备的伤害 □触电
□其他：________</td><td></td><td></td></tr>
</table>

二、检验实施

根据 TSG T7001—2009 的相关要求，实施电梯机房监督检验。

电梯机房监督检验实施表

工作内容	检验内容与要求	检验方法	检验过程与结果	配分（分）	得分
2.2 机房（机器设备）专用 C	机房（机器设备间）应专用，不得用于电梯以外的其他用途  机房（机器设备间）	目测	目测机房是否为专用，是否有被占用的情况，是否放置有不符合要求的物品。现场拍照（录像）作为见证材料 ★**检验结论：**□合格 □不合格	5	

续表

工作内容	检验内容与要求	检验方法	检验过程与结果	配分（分）	得分
2.3 安全空间C（控制柜前的净空面积）	在控制屏和控制柜前有一块净空面积，其深度[①]不小于0.70 m，宽度为0.50 m或屏、柜的全宽（两者中的大值），净高度不小于2 m	目测或测量相关数据	用钢卷尺分别测量机房控制柜前的净空面积，将数值记录下来，并与限定值（深×宽×高，0.70 m×0.50 m×2 m）进行比对，得出检验结论。现场拍照（录像）作为见证材料 实测深度______m，实测宽度______m，实测高度______m **★检验结论：**□合格 □不合格	5	
2.3 安全空间C（维修、操作处的净空面积）	对运动部件进行维修和检查以及人工紧急操作的地方有一块不小于0.50 m×0.60 m的水平净空面积，其净高度不小于2 m	目测或测量相关数据	用钢卷尺测量曳引轮、导向轮、限速器部件维修、检查、操作处的净空面积，将数值记录下来，并与限定值（深×宽×高，0.50 m×0.60 m×2 m）进行比对，得出检验结论。现场拍照（录像）作为见证材料 实测曳引轮前的空间面积（深×宽×高，下同）：______m×______m×______m 实测导向轮前的空间面积：______m×______m×______m 实测限速器部件前的空间面积：______m×______m×______m **★检验结论：**□合格 □不合格	5	

① 深度是指人面对控制柜时的距离。

续表

工作内容	检验内容与要求	检验方法	检验过程与结果	配分（分）	得分
2.3　安全空间C［楼梯（台阶）、护栏］	机房地面高度不一并且相差大于 0.50 m 时，应当设置楼梯或者台阶，并且设置护栏	目测或测量相关数据	★**检验结论：**□合格　□不合格	5	
2.4　地面开口C	机房地面上的开口应当尽可能小，位于井道上方的开口必须采用圈框，且应凸出地面至少 50 mm 测量示意图	目测或测量相关数据	用钢卷尺（钢直尺）测量机房地面圈框的高度，并与 50 mm 比较，得出检验结论。现场拍照（录像）作为见证材料 实测圈框高度______mm ★**检验结论：**□合格　□不合格	5	
2.5　照明与插座C（电源插座）	机房应当至少设置一个 2P+PE 型电源插座 2P+PE 型电源插座	目测，操作验证各开关的功能	检验机房内的插座，共有______处，是否为 2P+PE 型？现场拍照（录像）作为见证材料 ★**检验结论：**□合格　□不合格	5	

续表

工作内容	检验内容与要求	检验方法	检验过程与结果	配分（分）	得分
2.5　照明与插座C（井道、轿厢照明和插座电源开关）	应当在主开关旁设置控制井道照明、轿厢照明和插座电路电源的开关	目测，操作验证各开关的功能	检验机房配电箱内的主电源开关和轿厢照明、井道照明开关是否单独设立。断开主电源开关，观察井道和轿厢的照明是否受到影响。现场拍照（录像）作为见证材料 ★**检验结论：**□合格　□不合格	5	
2.6　主开关B（主开关设置）	每台电梯都应单独装设主开关，主开关应当易于接近和操作。无机房电梯主开关的设置还应当符合以下要求： （1）如果控制柜不是安装在井道内，主开关应当安装在控制柜内；如果控制柜安装在井道内，主开关应当设置在紧急操作和动态测试装置上 （2）如果从控制柜处不容易直接操作主开关，该控制柜应当设置能够分断主电源的断路器 （3）在电梯驱动主机附近 1 m 之内，应当有可以接近的主开关或者符合要求的停止装置，并且能够方便地进行操作	目测主开关的设置；断开主开关，观察、检查照明、插座、通风和报警装置的供电电路是否被切断	检查两台实训电梯的主电源开关是否单独设置，是否易于接近和操作，得出检验结论。现场拍照（录像）作为见证材料 ★**检验结论：**□合格　□不合格	5	
2.6　主开关B（防止误操作装置）	主开关应当具有稳定的断开和闭合位置，并且在断开位置时能用挂锁或其他等效装置锁住，能够有效地防止误操作	目测主开关的设置；断开主开关，观察、检查照明、插座、通风和报警装置的供电电路是否被切断	观察主电源开关是否带有防误操作的上锁装置。现场拍照（录像）作为见证材料 ★**检验结论：**□合格　□不合格	5	

续表

工作内容	检验内容与要求	检验方法	检验过程与结果	配分（分）	得分
2.6　主开关 B（标志）	如果不同电梯的部件共用一个机房，则每台电梯的主开关应当与驱动主机、控制柜、限速器等采用相同的标志	目测主开关的设置；断开主开关，观察、检查照明、插座、通风和报警装置的供电电路是否被切断	对于两台及以上电梯共用一个机房的情况，每台电梯都要采用相同的标识，例如，1# 电梯、2# 电梯。现场拍照（录像）作为见证材料 ★**检验结论**：□合格　□不合格	5	
2.7　驱动主机 B	驱动主机上设有铭牌，标明制造单位名称、型号、编号、技术参数和型式试验机构的名称或者标志，铭牌内容和型式试验证书内容相符	对照检查驱动主机型式试验证书和铭牌	（1）现场检查驱动主机铭牌，记录主要信息，并拍照（录像）作为见证材料 制造单位名称：________ 型号：________ 编号：________ 技术参数：________ ________ 型式试验机构名称：________ （2）现场检查驱动主机型式试验证书，记录主要信息，并拍照（录像）作为见证材料 曳引机型号规格：________ 型式试验证书编号：________ 发证日期：________ ★**检验结论**：□合格　□不合格	5	

续表

工作内容	检验内容与要求	检验方法	检验过程与结果	配分（分）	得分
2.8 控制柜、紧急操作和动态测试装置B（铭牌）	控制柜上设有铭牌，标明制造单位名称、型号、编号、技术参数和型式试验机构的名称或者标志，铭牌内容和型式试验证书内容相符	对照检查控制柜型式试验证书和铭牌	（1）现场检查控制柜铭牌，记录主要信息，并拍照（录像）作为见证材料 制造单位名称：________ 型号：________ 编号：________ 技术参数：________ ________ 型式试验机构名称（标志）：________ （2）现场检查控制柜型式试验证书，记录主要信息，并拍照（录像）作为见证材料 控制柜型号规格：________ 型式试验证书编号：________ 发证日期：________ ★**检验结论：**□合格 □不合格	5	
2.8 控制柜、紧急操作和动态测试装置B（制动器电气装置设置）	电梯正常运行时，切断制动器电流至少要用两个独立的电气装置来实现。当电梯停止时，如果其中一个接触器的主触点未打开，最迟到下一次运行方向改变时，应当防止电梯再运行	根据电气原理图和实物状况，结合模拟操作检查制动器的电气控制	查找电气原理图，查明制动器电路的工作原理。根据工作原理和实物状况，结合模拟操作检查制动器电气控制 ★**检验结论：**□合格 □不合格	5	
2.8 控制柜、紧急操作和动态测试装置B（分体式能量回馈节能装置）	加装的分体式能量回馈节能装置应当设有铭牌，标明制造单位名称、型号、编号、主要技术参数，铭牌内容和该装置的产品质量证明文件相符	对照检查分体式能量回馈节能装置的产品质量证明文件和铭牌	★**检验结论：**□合格 □不合格	5	

续表

工作内容	检验内容与要求	检验方法	检验过程与结果	配分（分）	得分
2.8　控制柜、紧急操作和动态测试装置B（IC卡系统）	加装的IC卡系统应当设有铭牌，标明制造单位名称、型号、编号、主要技术参数，铭牌内容和该系统的产品质量证明文件内容相符	对照检查IC卡系统的产品质量证明文件和铭牌	★**检验结论：**□合格　□不合格	5	
2.9　限速器B	限速器上应当设有铭牌，标明制造单位名称、型号、编号、技术参数和型式试验机构的名称或者标志，铭牌内容和型式试验证书、调试证书内容相符，且铭牌上标注的限速器动作速度与受检电梯相适应	（1）对照检查限速器型式试验证书、调试证书和铭牌 （2）目测电气安全装置的设置情况 （3）目测调节部位封记和限速器的运转情况，结合TSG T7001—2009中8.4、8.5的试验结果，判断限速器动作是否正常 （4）审查限速器动作速度校验记录，对照限速器铭牌上的相关参数，判断校验结果是否符合要求；	记录主要信息，并拍照（录像）作为见证材料 制造单位名称：________ 型号：________ 编号：________ 技术参数：________ 型式试验机构名称：________ 型式试验证书编号：________	5	

续表

工作内容	检验内容与要求	检验方法	检验过程与结果	配分（分）	得分
2.9　限速器 B		对于额定速度小于 3 m/s 的电梯，检验人员还需每 2 年对维护保养单位的校验过程进行一次现场观察、确认	铭牌上标注的限速器动作速度与受检电梯是否相适应（□是　□否） ★**检验结论：**□合格　□不合格	5	
2.10　接地 C	（1）供电电源自进入机房（机器设备间）起，中性线（N）与保护线（PE）应始终分开 （2）所有电气设备及线管、线槽的外露可导电部分应与保护线可靠连接 接地	目测，必要时测量验证	（1）检查配电箱中性线与保护线是否分开 ★**检验结论：**□合格　□不合格 （2）检查配电箱体和柜门的接地情况 ★**检验结论：**□合格　□不合格 （3）检查控制柜柜体的总接地端子，检查控制柜电气设备的接地情况和控制柜柜门的接地情况 ★**检验结论：**□合格　□不合格 （4）检查驱动主机的接地情况 ★**检验结论：**□合格　□不合格 （5）检查线管、线槽的接地情况 ★**检验结论：**□合格　□不合格 （6）检查限速器外露金属部分的接地情况 ★**检验结论：**□合格　□不合格	5	

续表

工作内容	检验内容与要求	检验方法	检验过程与结果	配分（分）	得分
2.12　轿厢上行超速保护装置 B	（1）轿厢上行超速保护装置上应当设有铭牌，标明制造单位名称、型号、编号、技术参数和型式试验机构的名称或者标志，铭牌内容和型式试验合格证书内容应相符 （2）电梯整机制造单位应当在控制柜或者紧急操作和动态测试装置上标注轿厢上行超速保护装置动作试验方法	对照检查轿厢上行超速保护装置型式试验证书和铭牌；目测动作试验方法的标注情况	★**检验结论：**□合格　□不合格	5	
2.13　轿厢意外移动保护装置 B	（1）轿厢意外移动保护装置上应当设有铭牌，标明制造单位名称、型号、编号、技术参数和型式试验机构的名称或者标志，铭牌内容和型式试验证书内容相符 （2）控制柜或者紧急操作和动态测试装置上标注电梯整机制造单位规定的轿厢意外移动保护装置动作试验方法，该方法与型式试验证书所标注的方法一致	对照检查轿厢意外移动保护装置型式试验证书和铭牌；目测动作试验方法的标注情况	★**检验结论：**□合格　□不合格	10	
合计：　　分					

三、填写《电梯机房监督检验报告单》

根据任务实施情况，完成《电梯机房监督检验报告单》。检验结论使用“合格”“不合格”“无此项”等规范用语。

电梯机房监督检验报告单

<table>
<tr><th>序号</th><th>检验类别</th><th colspan="3">检验项目及其内容</th><th>检验结论</th><th>备注</th></tr>
<tr><td>1</td><td>C</td><td rowspan="21">2 机房（机器设备间）及相关设备</td><td colspan="2">2.2 机房（机器设备间）专用</td><td></td><td></td></tr>
<tr><td rowspan="3">2</td><td rowspan="3">C</td><td rowspan="3">2.3 安全空间</td><td>控制柜前的净空面积</td><td></td><td></td></tr>
<tr><td>维修、操作处的净空面积</td><td></td><td></td></tr>
<tr><td>楼梯（台阶）、护栏</td><td></td><td></td></tr>
<tr><td>3</td><td>C</td><td colspan="2">2.4 地面开口</td><td></td><td></td></tr>
<tr><td rowspan="2">4</td><td rowspan="2">C</td><td rowspan="2">2.5 照明与插座</td><td>电源插座</td><td></td><td></td></tr>
<tr><td>井道、轿厢照明和插座电源开关</td><td></td><td></td></tr>
<tr><td rowspan="3">5</td><td rowspan="3">B</td><td rowspan="3">2.6 主开关</td><td>主开关设置</td><td></td><td></td></tr>
<tr><td>防止误操作装置</td><td></td><td></td></tr>
<tr><td>标志</td><td></td><td></td></tr>
<tr><td>6</td><td>B</td><td>2.7 驱动主机</td><td>铭牌</td><td></td><td></td></tr>
<tr><td rowspan="4">7</td><td rowspan="4">B</td><td rowspan="4">2.8 控制柜、紧急操作和动态测试装置</td><td>铭牌</td><td></td><td></td></tr>
<tr><td>制动器电气装置设置</td><td></td><td></td></tr>
<tr><td>分体式能量回馈节能装置</td><td></td><td></td></tr>
<tr><td>IC 卡系统</td><td></td><td></td></tr>
<tr><td>8</td><td>B</td><td>2.9 限速器</td><td>铭牌</td><td></td><td></td></tr>
<tr><td>9</td><td>C</td><td>2.10 接地</td><td>中性导体与保护导体的设置</td><td></td><td></td></tr>
<tr><td rowspan="2">10</td><td rowspan="2">B</td><td rowspan="2">2.12 轿厢上行超速保护装置</td><td>铭牌</td><td></td><td></td></tr>
<tr><td>试验方法</td><td></td><td></td></tr>
<tr><td rowspan="2">11</td><td rowspan="2">B</td><td rowspan="2">2.13 轿厢意外移动保护装置</td><td>铭牌</td><td></td><td></td></tr>
<tr><td>试验方法</td><td></td><td></td></tr>
</table>

学习活动 4　工作总结与评价

学习目标

1. 能按分组情况，派代表展示工作成果，说明本次任务的完成情况，并做分析总结。

2. 能结合任务完成情况，正确规范地撰写工作总结。

3. 能就本次任务中出现的问题提出改进措施。

4. 能对学习与工作进行反思总结，并能与他人开展良好合作，进行有效沟通。

建议学时　2 学时

学习过程

一、个人、小组评价

以小组为单位，选择演示文稿、展板、海报、视频等形式中的一种或几种，向全班展示、汇报工作成果。在展示的过程中，以小组为单位进行评价；评价完成后，根据其他小组对本组展示成果的评价意见进行归纳总结。

汇报思路设计：

其他小组的评价意见：

二、教师评价

认真听取教师对本小组展示成果优缺点以及在完成任务过程中出现的亮点和不足的评价意见，并做好记录。

1．教师对本小组展示成果优点的点评。

2．教师对本小组展示成果缺点及改进方法的点评。

3．教师对本小组在整个任务完成过程中出现的亮点和不足的点评。

三、工作过程回顾及总结

1．在团队学习过程中，项目负责人给你分配了哪些工作任务？你是如何完成的？还有哪些需要改进的地方？

2．总结完成电梯机房监督检验任务过程中遇到的问题和困难，列举 2 ~ 3 点你认为比较值得和其他同学分享的工作经验。

3．回顾本学习任务的工作过程，对新学专业知识和技能进行归纳和整理，撰写工作总结。

评价与分析

按照客观、公正和公平原则，在教师的指导下按自我评价、小组评价和教师评价三种方式对自己或他人在本学习任务中的表现进行综合评价。综合等级按：A（90 ~ 100）、B（75 ~ 89）、C（60 ~ 74）、D（0 ~ 59）四个级别进行填写。

学习任务综合评价表

考核项目	评价内容	配分（分）	评价分数		
			自我评价	小组评价	教师评价
职业素养	劳动保护用品穿戴完备，仪容仪表符合工作要求	5			
	安全意识、责任意识、服从意识强	6			
	积极参加教学活动，按时完成各项学习任务	6			
	团队合作意识强，善于与人交流和沟通	6			
	自觉遵守劳动纪律，尊敬师长，团结同学	6			
	爱护公物，节约材料，管理现场符合 6S 标准	6			
专业能力	专业知识扎实，有较强的自学能力	10			
	操作积极，训练刻苦，具有一定的动手能力	15			
	技能操作规范，注重检验工艺，工作效率高	10			
工作成果	电梯机房监督检验符合规范要求	20			
	工作总结符合要求	10			
总分		100			
总评	自我评价 ×20%+ 小组评价 ×20%+ 教师评价 ×60%=	综合等级	教师（签名）：		

学习任务三　电梯井道监督检验

学习目标

1. 能查阅相关标准和行业规范，正确填写《电梯井道监督检验工作任务单》。

2. 能根据《电梯井道监督检验工作任务单》，制订检验实施计划。

3. 能正确使用超声波测距仪和激光测距仪等检验工具，正确穿戴安全防护用品，严格执行安全技术标准和6S管理规定。

4. 能协同小组成员完成电梯井道监督检验工作。

5. 能对电梯井道监督检验各分项目做出是否合格的判断，并对检验不合格的项目给出正确的处理意见。

6. 能主动获取有效信息，展示工作成果，对学习与工作进行总结反思，并能与他人开展良好合作，进行有效沟通。

建议学时

20 学时

工作情景描述

某楼盘有一台产品编号为E/3003的曳引式电梯，近期刚完成安装和调试。电梯安装公司为了在合同约定日期内将电梯交付使用单位，拟安排工程部根据《电梯监督检验和定期检验规则——曳引与强制驱动电梯》（TSG T7001—2009）、《电梯制造与安装安全规范》（GB 7588—2003）等技术标准文件，对电梯进行井道监督检验自检，两天完成。

工作流程与活动

学习活动 1　明确检验任务（2 学时）

学习活动 2　检验前的准备（4 学时）

学习活动 3　实施检验（12 学时）

学习活动 4　工作总结与评价（2 学时）

学习活动 1　明确检验任务

学习目标

1. 能正确填写《电梯井道监督检验工作任务单》，明确完成任务的相关要素。

2. 能正确阅读《电梯井道监督检验项目、内容及要求》，明确任务包含的检验项目、检验内容及要求。

3. 能根据任务要求正确填写《工作联系单》。

4. 能进行电梯井道监督检验安全技术交底。

建议学时　2 学时

学习过程

一、明确工作任务

1．查阅受检电梯档案资料和技术规范文件，完成《电梯井道监督检验工作任务单》的填写。

电梯井道监督检验工作任务单

开始日期	年　月　日	任务单号	
任务描述	某楼盘有一台产品编号为 E/3003 的曳引式电梯，近期刚完成安装和调试。电梯安装公司为了在合同约定日期内将电梯交付使用单位，拟安排工程部根据《电梯监督检验和定期检验规则——曳引与强制驱动电梯》（TSG T7001—2009）、《电梯制造与安装安全规范》（GB 7588—2003）等技术标准文件，对电梯进行井道监督检验自检，两天完成		
设备品种		型号	
制造单位名称			

续表

<table>
<tr><td colspan="2">产品编号</td><td></td><td>制造日期</td><td></td></tr>
<tr><td colspan="2">施工单位名称</td><td colspan="3"></td></tr>
<tr><td colspan="2">施工单位许可证明文件编号</td><td></td><td>施工类别</td><td>（安装、改造、重大修理）</td></tr>
<tr><td colspan="2">安装地点</td><td></td><td>使用登记证编号</td><td></td></tr>
<tr><td colspan="2">使用单位名称</td><td colspan="3"></td></tr>
<tr><td colspan="2">维护保养单位名称</td><td colspan="3"></td></tr>
<tr><td rowspan="2">设备技术参数</td><td>额定载重</td><td>______kg</td><td>额定速度</td><td>______m/s</td></tr>
<tr><td>层站门数</td><td>______层站门</td><td>控制方式</td><td>______</td></tr>
<tr><td>检验依据</td><td colspan="4">《电梯监督检验和定期检验规则——曳引与强制驱动电梯》（TSG T7001—2009，含第1号、第2号修改单）</td></tr>
<tr><td>主要检验工具、仪器仪表及设备</td><td colspan="4"></td></tr>
</table>

2．仔细阅读《电梯井道监督检验项目、内容及要求》，查阅电梯检规及电梯标准文件，填空并回答问题。

电梯井道监督检验项目、内容及要求

<table>
<tr><th colspan="3">检验项目及内容</th><th>检验要求</th></tr>
<tr><td rowspan="3">3 井道及相关设备</td><td colspan="2">3.1 井道封闭 C</td><td>除必要的开口外井道应当__________；当建筑物中不要求井道在火灾情况下具有防止火焰蔓延的功能时，允许采用______________，但在人员可正常接近电梯处应当设置无孔且高度足够的_______，以防止人员遭受电梯运动部件的直接危害，或者用手持物体触及井道中的电梯设备</td></tr>
<tr><td rowspan="2">3.2 曳引驱动电梯顶部空间 C</td><td>当对重完全压在缓冲器上时应当同时满足的条件</td><td>（1）轿厢导轨提供不小于_______m 的进一步制导行程
（2）轿顶可以站人的最高部件的水平面与位于轿厢投影部分井道顶最低部件的水平面之间的自由垂直距离不小于__________m
（3）井道顶的最低部件与轿顶设备的最高部件之间的间距（不包括导靴、钢丝绳附件等）不小于_______m，与导靴或滚轮、曳引绳附件、垂直滑动门的横梁或部件的最高部分之间的间距不小于__________m
（4）轿顶上方应当有一个不小于____m×____m×____m 的空间（任意平面朝下均可）</td></tr>
<tr><td>对重导轨制导行程</td><td>当轿厢完全压在缓冲器上时，对重导轨有不小于_____m 的进一步制导行程</td></tr>
</table>

续表

<table>
<tr><th colspan="3">检验项目及内容</th><th>检验要求</th></tr>
<tr><td rowspan="13">3　井道及相关设备</td><td rowspan="3">3.3　强制驱动电梯顶部空间C</td><td>顶部行程与导向</td><td>轿厢从顶层向上直到撞击上缓冲器时的行程不小于______m，轿厢上行至缓冲器行程的极限位置时一直处于________</td></tr>
<tr><td>当轿厢完全压在缓冲器上时应当同时满足的条件</td><td>（1）轿顶可以站人的最高部件的水平面与位于轿厢投影部分井道顶最低部件的水平面之间的自由垂直距离不小于____m
（2）井道顶部最低部件与轿顶设备的最高部件之间的自由垂直距离不小于____m，与导靴或滚轮、钢丝绳附件、垂直滑动门横梁等的自由垂直距离不小于____m
（3）轿厢顶部上方有一个不小于____m×____m×____m的空间（任意平面朝下均可）</td></tr>
<tr><td>平衡重导轨制导行程</td><td>当轿厢完全压在缓冲器上时，平衡重（如果有）导轨的长度能提供不小于____m的进一步制导行程</td></tr>
<tr><td rowspan="2">3.4　井道安全门C</td><td>安全门设置</td><td>当相邻两层门地坎的间距大于___m时，其间应当设置高度不小于____m、宽度不小于______m的井道安全门（使用轿厢安全门时除外）</td></tr>
<tr><td>门的开启方向</td><td>不得向__________开启</td></tr>
<tr><td rowspan="2">3.5　井道检修门C</td><td>门的尺寸</td><td>高度不小于_______m，宽度不小于_______m</td></tr>
<tr><td>门的开启方向</td><td>不得向__________开启</td></tr>
<tr><td rowspan="4">3.6　导轨C</td><td>支架个数与间距</td><td>每根导轨应当至少有____个导轨支架，其间距一般不大于______m，安装于井道上、下端部的非标准长度导轨的支架数量应当满足设计要求</td></tr>
<tr><td>支架安装</td><td>导轨支架应当__________，焊接支架的焊缝满足设计要求，锚栓（如膨胀螺栓）只能在井道壁的_______构件上使用</td></tr>
<tr><td>导轨工作面铅垂度</td><td>每列导轨工作面每______m铅垂线测量值间的相对最大偏差，轿厢导轨和设有安全钳的T型对重导轨不大于______mm，不设安全钳的T型对重导轨不大于______mm</td></tr>
<tr><td>导轨顶面距离偏差</td><td>两列导轨顶面的距离偏差，轿厢导轨为________mm，对重导轨为______mm</td></tr>
<tr><td colspan="2">3.8　层门地坎下端的井道壁C</td><td>每个层门地坎下的井道壁应当符合以下要求：形成一个与__________直接连接的连续垂直表面，由__________的材料构成；其高度不小于__________加上________mm，宽度不小于门入口的_______两边各加上________mm</td></tr>
</table>

续表

检验项目及内容			检验要求
3 井道及相关设备	3.9 井道内防护 C	对重（平衡重）运行区域防护	对重（平衡重）的运行区域应当采用________保护，该隔障从底坑地面上不大于________m处，向上延伸到离底坑地面至少________m的高度，宽度应当至少等于对重（平衡重）宽度两边各加上________m
		多台电梯运动部件之间的防护	在装有多台电梯的井道中，不同电梯的运动部件之间应当设置________，隔障应当至少从轿厢、对重（平衡重）行程的________延伸到最低层站楼面以上________m高度，并且有足够的________，以防止人员从一个底坑通往另一个底坑。如果轿厢顶部边缘和相邻电梯的运动部件之间的水平距离小于________m，隔障应当________整个井道，宽度至少等于运动部件或者运动部件需要保护部分的宽度每条边各加上______m
	3.13 底坑空间 C	底坑空间尺寸	底坑中有一个不小于______m×______m×____m的空间（轿厢完全压在缓冲器上时）
		底坑底面与轿厢部件之间的距离	轿厢完全压在缓冲器上时，底坑底面与轿厢最低部件的自由垂直距离不小于______m。当垂直滑动门的部件、护脚板和相邻井道壁之间，轿厢最低部件和导轨之间的水平距离在______m之内时，此垂直距离允许减少到______m；当轿厢最低部件和导轨之间的水平距离大于______m但不大于______m时，此垂直距离可按线性关系增加至______m
		轿厢最低部件与底坑最高部件之间的距离	轿厢完全压在缓冲器上时，底坑中固定的__________和________________之间的自由垂直距离不小于______m
	3.14 限速器绳张紧装置 B	张紧形式、导向装置	限速器绳应当用________张紧，张紧轮（或者其配重）应当有______________
	3.15 缓冲器 B	缓冲器选型	轿厢和对重的行程底部极限位置应当设置____________，强制驱动电梯还应当在行程上部极限位置设置缓冲器。蓄能型缓冲器只能用于额定速度不大于______m/s的电梯，耗能型缓冲器可以用于______额定速度的电梯
		铭牌或者标签	缓冲器上应当设有_____或者_____，标明____________、型号、编号、______________和型式试验机构的名称或者标志，铭牌内容或者标签内容和型式试验合格证书内容应当相符
	3.16 井道下方空间的防护 B		对重（平衡重）块可靠____________；具有能够快速识别对重（平衡重）块____________的措施（如标明对重块的数量或者总高度）

（1）井道中必要的开口包括哪些?

（2）采用部分封闭的井道，在人员接近处有什么特别的要求?

（3）轿厢导轨提供不小于（$0.1+0.035v^2$）m 的进一步制导行程，是出于什么考虑? v 是指电梯的额定速度，下同。

（4）轿顶可以站人的最高部件的水平面与位于轿厢投影部分井道顶最低部件的水平面之间的自由垂直距离不小于（$1.0+0.035v^2$）m，是出于什么考虑?

（5）井道顶的最低部件与轿顶设备的最高部件之间的间距（不包括导靴、钢丝绳附件等）不小于（$0.3+0.035v^2$）m，是出于什么考虑?

（6）轿顶上方应当有一个不小于 0.50 m×0.60 m×0.80 m 的空间，是出于什么考虑?

（7）轿厢从顶层向上直到撞击上缓冲器时的行程不小于 0.50 m，是出于什么考虑?

（8）轿厢上行至缓冲器行程的极限位置时一直处于有导向状态，是出于什么考虑?

（9）检规中对电梯导轨支架的数量和间距有哪些技术要求?

（10）检规中对安装电梯导轨支架有哪些要求?

（11）检规中对电梯导轨工作面的垂直度偏差有哪些要求?

（12）检规中对两列导轨顶面之间的距离有哪些要求?

（13）什么是电梯的开锁区域?

（14）什么是电梯的门刀长度?

（15）对重一侧运行区域应采用刚性隔障保护，检规中对该隔障保护是如何规定的?

（16）在装有多台电梯的井道中，不同电梯的运动部件之间应当设置隔障，检规中对该隔障保护是如何规定的?

（17）本版检规中对井道照明的要求较 02 版检规，有什么变化?

（18）进入底坑的方式有哪几种?

（19）检规中对进入底坑的爬梯是如何规定的?

（20）检规中对底坑设置插座是如何规定的?

（21）检规中对底坑井道灯开关是如何规定的?

（22）当轿厢完全压在缓冲器上时，检规中对底坑空间尺寸是如何规定的?

（23）检规中对底坑底面与轿厢最低部件的自由垂直距离是如何规定的?

（24）检规中对底坑中固定的最高部件和轿厢最低部件之间的距离是如何规定的?

（25）检规中对井道下方的空间有什么规定?

3．阅读并填写《工作联系单》。

工作联系单　　　　编号：

工程名称	电梯井道监督检验	日期	
接收单位		抄送单位	
主题			
联系情况记录：			
接收单位		发出单位	
工程负责人		技术负责人	

二、安全技术交底

阅读《电梯井道监督检验安全技术交底》，进一步明确电梯井道监督检验安全技术交底的内容，了解可能存在的风险，避免发生安全事故。

电梯井道监督检验安全技术交底

<table>
<tr><td>工程名称</td><td colspan="3"></td></tr>
<tr><td>施工内容</td><td colspan="3"></td></tr>
<tr><td colspan="4">安全技术交底内容</td></tr>
<tr><td colspan="4">一、电梯井道检验安全防护要求
1. 检验人员应当正确着装，佩戴安全帽，穿防护鞋，扣紧领口、袖口，女员工束紧长发，摘除身上佩戴的首饰等物品
2. 检验人员应当在使用单位电梯管理人员的配合下实施检验；学校组织课堂教学时每组检验学员同时进入井道的人数不超过 2 人
3. 检验前，应当将标明正在检验的标示牌和围栏放置于电梯井道入口处，确认轿厢内无人
4. 井道检验事故预防：防止检验工具从井道开口处坠落；防止检验人员从井道坠落；检验人员应当注意井道内旋转设备的防护（包括轿顶反绳轮、对重反绳轮、限速器张紧轮等设备），在旋转设备周围检验时，严禁戴手套
二、井道监督检验安全技术流程
1. 进入井道：进入井道前，要验明门锁、急停开关、检修开关的有效性。在确保“三验”无误后，方可进入井道
2. 井道作业：严格遵守专业技术规范和安全守则开展作业
3. 退出井道：恢复设备开关，检查工具、仪表等是否带出，在确认无误后退出井道
4. 安全强化：要求学员能对现场可能出现的安全事故进行叙述，并给出预防措施</td></tr>
<tr><td>交底人</td><td></td><td>交底日期</td><td></td></tr>
<tr><td>接受人</td><td></td><td>接受日期</td><td></td></tr>
</table>

（1）进行井道检验前应做好哪些防护措施，以保护检验人员的安全？

（2）进行井道电气检验前应主要注意哪些问题?

（3）井道检验有哪些常见的事故？举例说明。

学习活动 2　检验前的准备

学习目标

1. 能合理制订检验实施计划，包含实施流程计划、时间计划、组织计划等。

2. 掌握电梯井道监督检验的主要技术要点。

3. 能正确选用电梯井道监督检验所需工具、仪器仪表及检验设备。

4. 掌握超声波测距仪和激光测距仪的使用方法。

5. 能正确穿戴个人安全防护用品，明确施工现场 6S 管理规定。

建议学时　4 学时

学习过程

一、制订检验实施计划

阅读《电梯井道监督检验实施计划》，将其补充完整。

电梯井道监督检验实施计划

主题	分计划内容		备注
制订电梯井道监督检验实施计划	实施流程计划	按照《电梯井道监督检验项目、内容及要求》中的顺序实施	
	时间计划	电梯井道监督检验任务实施 开始时间： 结束时间： 用时计划：	

续表

<table>
<tr><th>主题</th><th colspan="2">分计划内容</th><th>备注</th></tr>
<tr><td>制订电梯井道监督检验实施计划</td><td>组织计划</td><td>任务实施小组组内分工
现场检测：
数据记录：
现场拍照、录像：
检验结果分析、归纳、评价与判断：</td><td></td></tr>
</table>

二、电梯井道监督检验技术要点与标准分析

阅读《电梯井道监督检验技术要点与标准分析》，回答下列问题。

电梯井道监督检验技术要点与标准分析

<table>
<tr><th colspan="3">检验项目及内容</th><th>技术要点与标准分析</th><th>备注</th></tr>
<tr><td rowspan="5">3 井道及相关设备</td><td colspan="2">3.1 井道封闭 C</td><td>GB 7588—2003 中，“必要的开口”是指层门开口；通往井道的检修门、井道安全门以及检修活板门的开口；火灾情况下，气体和烟雾的排气孔；通风孔；井道与机房或与滑轮间之间必要的功能性开口（如钢丝绳等的通过孔）；在装有多台电梯的井道中，电梯之间隔板上的开孔</td><td></td></tr>
<tr><td rowspan="2">3.2 曳引驱动电梯顶部空间 C</td><td>当对重完全压在缓冲器上时应当同时满足的条件</td><td rowspan="2">GB 7588—2003 中 8.13.2 规定，轿顶应有一块不小于 0.12 m^2 的站人用净面积，其短边不应小于 0.25 m。应当注意，轿厢架的上横梁通常是不允许站人的
测量对重导轨制导行程的方法：当轿厢在顶层位置时，站立在轿顶的检测人员将凡士林（或类似的油脂物）涂抹在对重导轨的适当位置，然后使轿厢完全支承在缓冲器上，此时对重上导靴将带动凡士林形成油脂痕迹，再使轿厢位于顶层位置，检测人员在轿顶测量油脂痕迹的顶部与对重导轨顶部之间的距离</td><td rowspan="2"></td></tr>
<tr><td>对重导轨制导行程</td></tr>
<tr><td rowspan="2">3.3 强制驱动电梯顶部空间 C</td><td>顶部行程与导向</td><td rowspan="2">（1）轿厢从顶层向上直到撞击上缓冲器时的行程不小于 0.50 m，轿厢上行至缓冲器行程的极限位置时一直处于有导向状态
（2）当轿厢完全压在缓冲器上时，应当同时满足以下条件：
1）轿顶可以站人的最高部件的水平面与位于轿厢投影部分井道顶最低部件的水平面之间的自由垂直距离不小于 1 m
2）井道顶部最低部件与轿顶设备的最高部件之间的自由垂直距离不小于 0.30 m，与导靴或滚轮、钢丝绳附件、垂直滑动门横梁等的自由垂直距离不小于 0.10 m</td><td rowspan="2"></td></tr>
<tr><td>当轿厢完全压在缓冲器上时应当同时满足的条件</td></tr>
</table>

续表

<table>
<tr><th colspan="3">检验项目及内容</th><th>技术要点与标准分析</th><th>备注</th></tr>
<tr><td rowspan="10">3 井道及相关设备</td><td>3.3 强制驱动电梯顶部空间 C</td><td>平衡重导轨制导行程</td><td>3）轿厢顶部上方有一个不小于 0.50 m × 0.60 m × 0.80 m 的空间（任意平面朝下均可）
（3）当轿厢完全压在缓冲器上时，平衡重（如果有）导轨的长度能提供不小于 0.30 m 的进一步制导行程
注：02 版检规无此项要求</td><td></td></tr>
<tr><td rowspan="2">3.4 井道安全门 C</td><td>安全门设置</td><td rowspan="2">对井道安全门尺寸的要求：如同一井道内有相邻的两台电梯，其轿厢之间的水平距离不大于 0.75 m，允许在轿厢设置高度不小于 1.80 m、宽度不小于 0.35 m 的安全门，这样当其中一台电梯出现故障时，另一台电梯可以起营救作用。此时相邻层站的间距允许大于 11 m。安全门高度不小于 1.80 m、宽度不小于 0.35 m 是为了保证单人顺利通过</td><td rowspan="2"></td></tr>
<tr><td>门的开启方向</td></tr>
<tr><td rowspan="2">3.5 井道检修门 C</td><td>门的尺寸</td><td rowspan="2">检修门一般为通往井道底坑或滑轮间的通道门，其高度不小于 1.40 m、宽度不小于 0.60 m，其目的是为了使带有工具的检修人员略微低头即可通过，同时由于一般的底坑和滑轮间高度有限，因此门的高度尺寸不能太大</td><td rowspan="2"></td></tr>
<tr><td>门的开启方向</td></tr>
<tr><td rowspan="4">3.6 导轨 C</td><td>支架个数与间距</td><td rowspan="4">本版检规取消了对导轨接头缝隙和接头台阶的要求。关于“如果间距大于 2.50 m 应当有计算依据”，其含义是，如果通过计算表明导轨的应力和变形符合 GB 7588—2003 中 10.1 的规定，那么允许支架间距大于 2.50 m</td><td rowspan="4"></td></tr>
<tr><td>支架安装</td></tr>
<tr><td>导轨工作面铅垂度</td></tr>
<tr><td>导轨顶面距离偏差</td></tr>
<tr><td colspan="2">3.8 层门地坎下端的井道壁 C</td><td>关于“高度不小于开锁区域的一半加上 50 mm”，见示意图中的 H 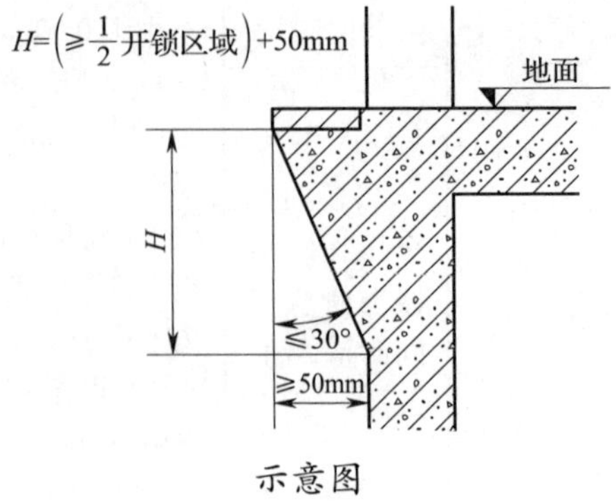
$H=\left(\geqslant \frac{1}{2}\text{开锁区域}\right)+50\text{mm}$
地面
H
≤30°
≥50mm
示意图</td><td></td></tr>
</table>

续表

<table>
<tr><th colspan="3">检验项目及内容</th><th>技术要点与标准分析</th><th>备注</th></tr>
<tr><td rowspan="5">3　井道及相关设备</td><td rowspan="2">3.9　井道内防护 C</td><td>对重（平衡重）运行区域防护</td><td>本版检规与 02 版检规的要求有所不同。02 版检规的相应规定是，对重侧应设防护栅栏，其高度不低于 2.50 m。需要注意的是，当装有补偿装置时，为了便于安装、维修和保养，避免干涉，可以在对重隔障上开尽量小的缺口</td><td></td></tr>
<tr><td>多台电梯运动部件之间的防护</td><td>本版检规与 02 版检规的要求有所不同。02 版检规的相应规定是，隔障高度不小于 2.50 m，当电梯运行部件之间的水平距离小于 0.30 m 时，隔障应贯穿整个井道（垂直方向），且宽度符合要求</td><td></td></tr>
<tr><td rowspan="3">3.13　底坑空间 C</td><td>底坑空间尺寸</td><td rowspan="3">设置在导轨附近的轿厢最低部件（如导靴、安全钳等）的最外端与导轨之间的水平距离 L 可能大于 0.15 m，特别是高速或大吨位电梯，此时如要求轿厢最低部件与底坑底面的自由垂直距离 H_2 不小于 0.50 m，则底坑的深度 H_1 要加大。本版检规规定：当轿厢最低部件和导轨之间的水平距离大于 0.15 m 但不大于 0.50 m 时，轿厢最低部件与底坑底面的自由垂直距离可按线性关系增加至 0.50 m 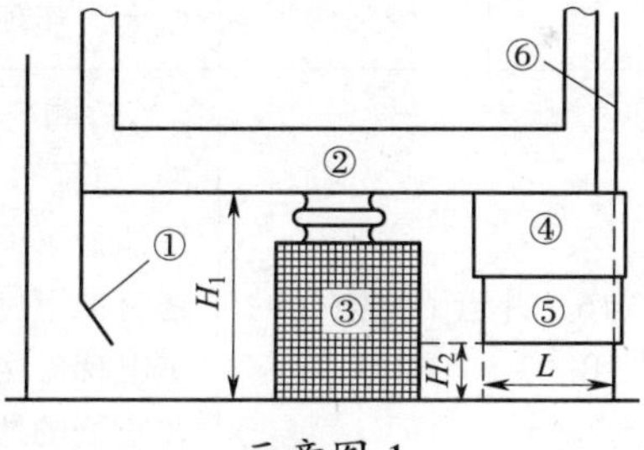
示意图 1
①—轿厢护脚板　②—轿厢底部　③—缓冲器及其底座
④—安全钳钳座　⑤—导靴　⑥—导轨工作面 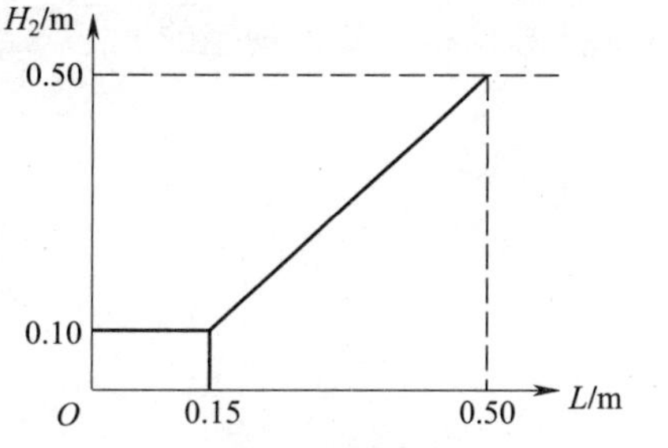
示意图 2</td><td rowspan="3"></td></tr>
<tr><td>底坑底面与轿厢部件之间的距离</td></tr>
<tr><td>轿厢最低部件与底坑最高部件之间的距离</td></tr>
</table>

续表

检验项目及内容			技术要点与标准分析	备注
3 井道及相关设备	3.13 底坑空间C	轿厢最低部件与底坑最高部件之间的距离	此外，02版检规未对轿厢最低部件与底坑最高部件之间的距离进行规定。本版检规对该项的要求是：底坑中固定的最高部件，如补偿绳张紧装置，当其位于最上端时，其和轿厢最低部件之间的距离不小于0.30 m。但此处的轿厢最低部件不包括垂直滑动门的部件、护脚板、导靴和安全钳等	
	3.14 限速器绳张紧装置B	张紧形式、导向装置	检验时应当注意张紧装置与电气安全装置的相对安装位置是否适当，确认当限速器绳断裂或者过分伸长时，该电气安全装置能否动作	
	3.15 缓冲器B	缓冲器选型	轿厢位于顶层端站平层位置时，对重装置撞板与其缓冲器顶面间的距离大小，对曳引电梯顶部空间尺寸有影响。该距离增大，则顶部空间尺寸将减小。电梯使用一段时间后，由于钢丝绳的自然延伸，将导致该距离不断减小，从而影响到上极限开关的动作有效性。甚至当轿厢位于顶层端站平层位置时，对重已经接触到缓冲器。为了消除此现象，安装或维修单位往往会截短钢丝绳，或者去除预先安装在对重底部的撞块。此时，对重装置撞板与其缓冲器顶面间的距离将变大，而顶部空间尺寸将相应减小	
		铭牌或者标签		
	3.16 井道下方空间的防护B		“轿厢与对重（或者平衡重）之下确有人能够到达的空间”，是指电梯没有到达建筑物的最底层，在底坑地板下面还有人能够到达的空间。例如，底坑下面还有地下停车库或其他通道；在一些大型高层建筑物中电梯分区设置、分段运行，某些电梯的最低层站是建筑物的地上某层等。在这种情况下，将对重缓冲器安装于一直延伸到坚固地面上的实心桩墩上的做法较少，多数情况是安装对重安全钳	

（1）轿顶站人净面积是如何规定的?

（2）测量对重导轨制导行程的方法是什么?

（3）安全门设置有何规定?

（4）检修门的尺寸有何规定?

（5）层门地坎下端的井道壁高度有何规定?

（6）对重侧的防护栅栏有何规定?

（7）轿厢位于顶层端站平层位置时对重装置撞板与其缓冲器顶面间的距离大小，对曳引电梯顶部空间尺寸有何影响?

三、电梯检验用具的选用（井道）

在下表中选出电梯井道监督检验需要的用具，并简要写出其作用。

电梯检验用具

类别	名称（使用到的打√）	作用
仪器仪表	□万用表	
	□验电笔	
	□温湿度计	
	□钳形电流表	
	□接地电阻测量仪	
	□绝缘电阻测量仪	
	□转速表	
	□声级计	
	□光照度计	
	□测力计	
	□超声波测距仪	
	□激光测距仪	
检验工具	□钢卷尺	
	□钢直尺	
	□直角尺	
	□游标卡尺	
	□气泡水平仪	
	□塞尺	
	□磁力线坠	
	□放大镜	
	□活扳手	
	□十字旋具	
	□一字旋具	
检验设备	□限速器测试设备	
	□钢丝绳探伤仪	
	□导轨垂直度测量仪	
	□振动加速度测量仪	

续表

类别	名称（使用到的打√）	作用
专用工具	□安全护栏	
	□三角钥匙	
	□电梯专用阻门器	
	□宽口游标卡尺	
防护用品	□安全帽	
	□安全鞋	
	□工作服	
	□劳保手套	
	□吊索（高空作业安全带）	
辅助用品	□对讲机	
	□手电筒	
	□照相机（或手机）	

四、超声波测距仪的使用方法

超声波测距仪的原理是利用超声波在空气中传播速度为常数，测量声波在发射后遇到障碍物反射回来的时间，根据发射和接收的时间差计算出发射点到障碍物的实际距离。

认真阅读下表，回答下列问题。

超声波测距仪的使用方法

序号	图示	使用方法	说明
1		使用前打开超声波测距仪电池舱盖，安装 9 V 干电池	安装电池时，注意检查电池是否失效，并注意电池正负极不要接反
2		使用时，先打开侧面的开关，选择 X 功能，即测量长度 X	超声波测距仪具有激光定位功能、测量值储存功能、自动关机功能、低电量报警功能，测量范围为 55 cm ~ 15 m

续表

序号	图示	使用方法	说明
3		将超声波测距仪底部固定在起始测量位置，按住“测量”键，超声波测距仪开始工作，并发出提示音，在激光光点引导下进行测量，待数据保持稳定后松开“测量”键	测量距离为超声波测距仪底部位置到光点指示位置的距离 此仪表在测量过程中发射出激光束，激光束射到被测目标的表面时有一个可见的光点
4		使用完毕，应立即将电池取出，以防止电池腐蚀和损耗	不要将激光束直接照射在眼睛上，以免造成伤害

（1）超声波测距仪的基本工作原理是什么？

（2）简述超声波测距仪的使用步骤。

（3）在使用超声波测距仪时，有哪些注意事项？

五、激光测距仪的使用方法

激光测距仪是利用激光进行测距的一种仪器。它通过测定激光开始发射到激光从目标反射回来的时间来测定距离。

认真阅读下表，回答下列问题。

激光测距仪的使用方法

序号	图示	使用方法	说明
1		使用前打开激光测距仪电池舱盖，安装两节 7 号 1.5 V 干电池	安装电池时，注意检查电池是否失效，并注意电池正负极不要接反
2		使用时，先打开侧面的开关，选择 X 功能，即测量长度 *X*。测量范围为 0.15 ~ 30 m，测量精度为 ±2 mm，工作温度范围为 −10 ~ 45 ℃	测量计算值是从激光测距仪的后缘起算，适用于目标反射能力较强的物体
3		短按按键，激光测距仪进入预备工作状态；再次短按按键，则开启激光束，准备测量；将激光测距仪后缘对准基准位置，将激光束对准被测量面，然后短按按键，则会显示测量数值	严禁将激光束指向人或动物，严禁眼睛直视激光束。如果激光束摄入眼睛，要有意识地闭上眼睛并立即将头转出激光束照射范围
4		使用完毕，应立即将电池取出，以防止电池腐蚀和损耗	做好测量仪器的后期保养

（1）激光测距仪的基本工作原理是什么？

（2）简述激光测距仪的使用步骤。

（3）在使用激光测距仪时，有哪些注意事项？

学习活动3 实 施 检 验

学习目标

1. 能进行电梯井道监督检验条件确认与安全风险评估。

2. 能根据TSG T7001—2009中电梯井道监督检验项目、内容与要求，实施电梯井道监督检验。

3. 能判断检验项目是否合格，分析原因，并提出整改措施。

4. 能根据检验情况，完成《电梯井道监督检验报告单》。

建议学时 12学时

学习过程

一、条件确认与安全风险评估

在进行井道监督检验工作之前，应确认实施条件是否具备，并正确评估检验现场的安全风险。

认真阅读《条件确认与安全风险评估表》，逐项进行确认。此表实行负面清单制，只进行扣分记录，当出现扣分项，暂停实操，进行整改。

条件确认与安全风险评估表

任务名称：________ 检验人员：________ 日期： 年 月 日

实施检验前条件项目	内容（任务准备不足、违反安全文明生产，酌情扣 10 ~ 100 分）	是否合格	违规记录	备注
一、职业素养	1. 服从工作组长（教师）安排，遵守现场纪律，落实安全责任	□合格 □不合格		
	2. 手机关机或振动，并存放于指定的位置	□合格 □不合格		
	3. 认真理解并执行 6S 管理（安全、整理、整顿、清扫、清洁、素养）	□合格 □不合格		
二、安全防护	1. 规范佩戴安全帽（符合国标 GB 2811—2019《头部防护　安全帽》）	□合格 □不合格		
	2. 穿着工服，上衣无拉链（扣子式），穿长裤。严禁穿短裤，女生必须束发	□合格 □不合格		
	3. 穿着安全鞋，严禁穿拖鞋	□合格 □不合格		
三、工具选择（选用打√）	□万用表 □钳形电流表 □接地电阻测量仪 □绝缘电阻测量仪 □加、减速度测量仪 □转速表 □限速器测试设备 □钢丝绳探伤仪 □导轨垂直度测量仪 □声级计 □游标卡尺 □气泡水平仪 □塞尺 □磁力线坠 □湿度计 □温度计 □放大镜 □测力计 □活扳手 □验电笔 □对讲机 □手电筒 □十字旋具 □一字旋具	□照相机 □直角尺 □钢直尺 □钢卷尺 □阻门器 □三角钥匙 □护栏 □超声波测距仪 □激光测距仪 □其他：________		
四、安全风险评估（认识检验过程中可能发生的安全风险）	□人员坠落井道 □工具坠落井道 □剪切 □碰撞 □旋转设备的伤害 □触电 □其他：________			

二、检验实施

根据 TSG T7001—2009 的相关要求，实施电梯井道监督检验。

电梯井道监督检验实施表

工作内容	检验内容与要求	检验方法	检验过程与结果	配分（分）	得分
3.1　井道封闭 C	除必要的开口外井道应当完全封闭；当建筑物中不要求井道在火灾情况下具有防止火焰蔓延的功能时，允许采用部分封闭井道，但在人员可正常接近电梯处应当设置无孔且高度足够的围壁，以防止人员遭受电梯运动部件的直接危害，或者用手持物体触及井道中的电梯设备	目测	（1）检查井道是否封闭（□是　□否） （2）井道开口有______、______、______、______、______ ★**检验结论：**□合格　□不合格	8	
3.2　曳引驱动电梯顶部空间 C	（1）当对重完全压在缓冲器上时，应当同时满足以下条件： 1）轿厢导轨提供不小于（$0.1+0.035v^2$）m 的进一步制导行程 2）轿顶可以站人的最高部件的水平面与位于轿厢投影部分井道顶最低部件的水平面之间的自由垂直距离不小于（$1.0+0.035v^2$）m 3）井道顶的最低部件与轿顶设备的最高部件之间的间距（不包括导靴、钢丝绳附件等）不小于（$0.3+0.035v^2$）m，与导靴或滚轮、曳引绳附件、垂直滑动门的横梁或部件的最高部分之间的间距不小于（$0.1+0.035v^2$）m 4）轿顶上方应当有一个不小于 0.5 m×0.6 m×0.8 m 的空间（任意平面朝下均可）	（1）测量轿厢在上端站平层位置时的相应数据，计算确认是否满足要求 （2）用痕迹法或其他有效方法检验对重导轨的制导行程	（1）测量轿厢在上端站平层位置时的相应数据 1）轿厢导轨提供的进一步制导行程为______m 2）轿顶可以站人的最高部件的水平面与位于轿厢投影部分井道顶最低部件的水平面之间的自由垂直距离为______m 3）井道顶的最低部件与轿顶设备的最高部件之间的间距（不包括导靴、钢丝绳附件等）为______m，与导靴或滚轮、曳引绳附件、垂直滑动门的横梁或部件的最高部分之间的间距为______m	10	

续表

工作内容	检验内容与要求	检验方法	检验过程与结果	配分（分）	得分
3.2　曳引驱动电梯顶部空间 C	注：当采用减行程缓冲器并对电梯驱动主机正常减速进行有效监控时，$0.035v^2$ 可以用以下值代替： 1）电梯额定速度不大于 4 m/s 时，可以减少到 1/2，但不小于 0.25 m 2）电梯额定速度大于 4 m/s 时，可以减少到 1/3，但不小于 0.28 m （2）当轿厢完全压在缓冲器上时，对重导轨有不小于（$0.1+0.035v^2$）m 的制导行程		4）轿顶上方的空间为______m×______m×______m （2）用痕迹法或其他有效方法检验对重导轨的制导行程为______m ★**检验结论：**□合格　□不合格	10	
3.3　强制驱动电梯顶部空间 C	（1）轿厢从顶层向上直到撞击上缓冲器时的行程不小于 0.50 m，轿厢上行至缓冲器行程的极限位置时一直处于有导向状态 （2）当轿厢完全压在缓冲器上时，应当同时满足以下条件： 1）轿顶可以站人的最高部件的水平面与位于轿厢投影部分井道顶最低部件的水平面之间的自由垂直距离不小于 1 m 2）井道顶部最低部件与轿顶设备的最高部件之间的自由垂直距离不小于 0.30 m，与导靴或滚轮、钢丝绳附件、垂直滑动门横梁等的自由垂直距离不小于 0.10 m 3）轿厢顶部上方有一个不小于 0.50 m×0.60 m×0.80 m 的空间（任意平面朝下均可） （3）当轿厢完全压在缓冲器上时，平衡重（如果有）导轨的长度能提供不小于 0.30 m 的进一步制导行程	（1）测量轿厢在上端站平层位置时的相应数据，计算确认是否满足要求 （2）用痕迹法或其他有效方法检验平衡重导轨的制导行程	★**检验结论：**□合格　□不合格 □无此项	8	

续表

工作内容	检验内容与要求	检验方法	检验过程与结果	配分（分）	得分
3.4　井道安全门 C	（1）当相邻两层门地坎的间距大于 11 m 时，其间应当设置高度不小于 1.80 m、宽度不小于 0.35 m 的井道安全门（使用轿厢安全门时除外） （2）不得向井道内开启安全门 现场安全门	（1）测量相关数据 （2）打开、关闭安全门，检查门的开闭和电梯启动情况	★**检验结论：**□合格　□不合格　□无此项	8	
3.5　井道检修门 C	（1）检修门的高度不小于 1.40 m，宽度不小于 0.60 m （2）不得向井道内开启检修门	（1）测量相关数据 （2）打开、关闭检修门，检查门的开闭和电梯启动情况	★**检验结论：**□合格　□不合格　□无此项	8	

续表

工作内容	检验内容与要求	检验方法	检验过程与结果	配分（分）	得分
3.6　导轨 C	（1）每根导轨应当至少有 2 个导轨支架，其间距一般不大于 2.50 m（如果间距大于 2.50 m 应当有计算依据） （2）导轨支架应当安装牢固，焊接支架的焊缝满足设计要求，锚栓（如膨胀螺栓）只能在井道壁的混凝土构件上使用 （3）每列导轨工作面每 5 m 铅垂线测量值间的相对最大偏差，轿厢导轨和设有安全钳的 T 型对重导轨不大于 1.2 mm，不设安全钳的 T 型对重导轨不大于 2.0 mm （4）两列导轨顶面的距离偏差，轿厢导轨为 0 ~ 2 mm，对重导轨为 0 ~ 3 mm	目测或者测量相关数据	（1）测量井道内轿厢侧每根导轨的长度：______、______、______、______、______ （2）每根导轨是否有至少两个导轨支架（□是　□否） （3）导轨支架的固定形式（□焊接支架　□锚栓） （4）每列导轨工作面每 5 m 铅垂线测量值间的相对最大偏差，轿厢导轨和设有安全钳的 T 型对重导轨实测为______mm （5）轿厢两列导轨顶面的距离偏差 实测 1：______mm 实测 2：______mm 实测 3：______mm ★**检验结论：**□合格　□不合格	10	
3.8　层门地坎下端的井道壁 C	每个层门地坎下的井道壁应当符合以下要求：形成一个与层门地坎直接连接的连续垂直表面，由光滑而坚硬的材料构成（如金属薄板）；其高度不小于开锁区域的一半加上 50 mm，宽度不小于门入口的净宽度两边各加上 25 mm	目测或者测量相关数据		8	

续表

工作内容	检验内容与要求	检验方法	检验过程与结果	配分（分）	得分
3.8　层门地坎下端的井道壁 C	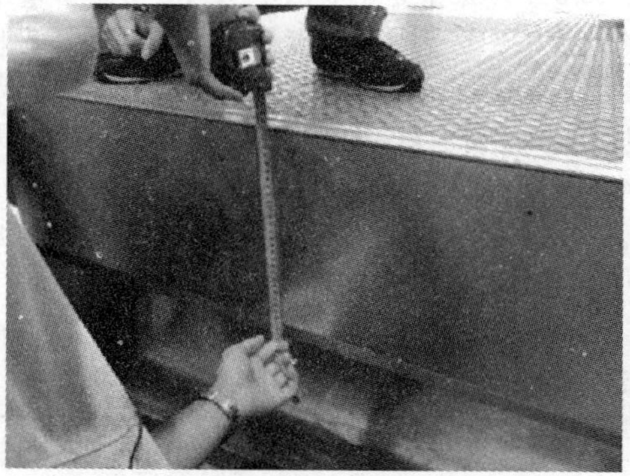 层门地坎下端井道壁高度的测量 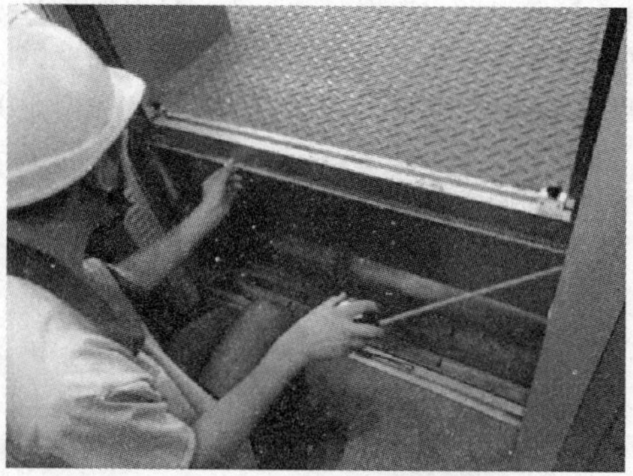 层门地坎下端井道壁宽度的测量	目测或者测量相关数据	（1）测量层门地坎下端井道壁的实际宽度为______mm （2）测量门入口的净宽度为______mm，净宽度两边各加上 25 mm 后为______mm （3）测量层门地坎下端井道壁的实际高度为______mm （4）测量门刀的实际长度为______mm，计算开锁区距离为______mm（参考经验：开锁区距离 =2 倍门刀长度 – 修正值，修正值一般取 20 mm） （5）经计算，开锁区距离的一半加上 50 mm 为______mm ★**检验结论：**□合格　□不合格	8	

续表

工作内容	检验内容与要求	检验方法	检验过程与结果	配分（分）	得分
3.9 井道内防护C	（1）对重（平衡重）的运行区域应当采用刚性隔障保护，该隔障从底坑地面上不大于0.30 m处，向上延伸到离底坑地面至少2.50 m的高度，宽度应当至少等于对重（平衡重）宽度两边各加上0.10 m （2）在装有多台电梯的井道中，不同电梯的运动部件之间应当设置隔障，隔障应当至少从轿厢、对重（平衡重）行程的最低点延伸到最低层站楼面以上2.50 m高度，并且有足够的宽度，以防止人员从一个底坑通往另一个底坑。如果轿厢顶部边缘和相邻电梯的运动部件之间的水平距离小于0.50 m，隔障应当贯穿整个井道，宽度至少等于运动部件或者运动部件需要保护部分的宽度每条边各加上0.10 m	目测或者测量相关数据	（1）测量对重刚性隔障保护：该隔障从底坑地面上______m处，向上延伸到离底坑地面至少______m的高度，宽度为______m （2）实训梯为两台电梯公用井道的形式，检查两电梯间的隔障设置是否符合检规要求（□是 □否） ★**检验结论：**□合格 □不合格 □无此项	8	
3.13 底坑空间C	轿厢完全压在缓冲器上时，底坑空间尺寸应当同时满足以下要求： （1）底坑中有一个不小于0.50 m×0.60 m×1 m的空间（任一面朝下均可） （2）底坑底面与轿厢最低部件的自由垂直距离不小于0.50 m。当垂直滑动门的部件、护脚板和相邻井道壁之间，轿厢最低部件和导轨之间的水平距离在0.15 m之内时，此垂直距离允许减少到0.10 m；当轿厢最低部件和导轨之间的水平距离大于0.15 m但不大于0.50 m时，此垂直距离可按线性关系增加至0.50 m （3）底坑中固定的最高部件和轿厢最低部件之间的自由垂直距离不小于0.30 m	测量轿厢在下端站平层位置时的相应数据，计算确认是否满足要求	（1）底坑空间的测量：轿厢在下端站平层位置时，测量底坑空间尺寸1为______m×____m×______m，底坑空间尺寸2为_____m×_____m×_____m，轿厢与缓冲器的间距为______m （2）测量轿厢最低部件与底坑底面的自由垂直距离为______m，底坑的深度为______m，轿厢最低部件的最外端与导轨之间的水平距离为______m，轿厢护脚板与底坑底面的距离为______m，轿厢护脚板与井道壁的距离为______m ★**检验结论：**□合格 □不合格	8	

续表

工作内容	检验内容与要求	检验方法	检验过程与结果	配分（分）	得分
3.14　限速器绳张紧装置 B	限速器绳应当用张紧轮张紧，张紧轮（或者其配重）应当有导向装置 底坑张紧装置 底坑张紧装置电气验证开关	（1）目测张紧装置和导向装置 （2）电梯以检修速度运行，使电气安全装置动作，观察电梯运行状况	（1）在底坑检查限速器绳及张紧轮之间的配合是否正常（□是　□否）；手动托举张紧轮配重，检验导向装置工作是否正常（□是　□否） （2）电梯以检修速度运行，检验张紧轮电气开关是否正常（□是　□否） ★**检验结论：**□合格　□不合格	8	

续表

工作内容	检验内容与要求	检验方法	检验过程与结果	配分（分）	得分
3.15 缓冲器 B	（1）轿厢和对重的行程底部极限位置应当设置缓冲器，强制驱动电梯还应当在行程上部极限位置设置缓冲器。蓄能型缓冲器只能用于额定速度不大于 1 m/s 的电梯，耗能型缓冲器可以用于任何额定速度的电梯 （2）缓冲器上应当设有铭牌或者标签，标明制造单位名称、型号、编号、技术参数和型式试验机构的名称或者标志，铭牌内容或者标签内容和型式试验合格证书内容应当相符 聚氨酯缓冲器	对照检查缓冲器型式试验合格证书和铭牌或者标签	★**检验结论：**□合格 □不合格	8	
3.16 井道下方空间的防护 B	（1）对重（平衡重）块可靠固定 （2）具有能够快速识别对重（平衡重）块数量的措施（如标明对重块的数量或者总高度）	目测	（1）检查对重块是否可靠固定（□是 □否） （2）检查是否有快速识别对重块数量的措施（□是 □否） ★**检验结论：**□合格 □不合格 □无此项	8	
合计： 分					

三、填写《电梯井道监督检验报告单》

根据任务实施情况，完成《电梯井道监督检验报告单》。检验结论使用“合格”“不合格”“无此项”等规范用语。

电梯井道监督检验报告单

序号	检验类别	检验项目及其内容			检验结论	备注
1	C	3 井道及相关设备	3.1 井道封闭			
2	C		3.2 曳引驱动电梯顶部空间	当对重完全压在缓冲器上时应当同时满足的条件		
				对重导轨制导行程		
3	C		3.3 强制驱动电梯顶部空间	顶部行程与导向		
				当轿厢完全压在缓冲器上时应当同时满足的条件		
				平衡重导轨制导行程		
4	C		3.4 井道安全门	安全门设置		
				门的开启方向		
5	C		3.5 井道检修门	门的尺寸		
				门的开启方向		
6	C		3.6 导轨	支架个数与间距		
				支架安装		
				导轨工作面铅垂度		
				导轨顶面距离偏差		
7	C		3.8 层门地坎下端的井道壁			
8	C		3.9 井道内防护	对重（平衡重）运行区域防护		
				多台电梯运动部件之间的防护		
9	C		3.13 底坑空间	底坑空间尺寸		
				底坑底面与轿厢部件之间的距离		
				轿厢最低部件与底坑最高部件之间的距离		
10	B		3.14 限速器绳张紧装置	张紧形式、导向装置		
11	B		3.15 缓冲器	缓冲器选型		
				铭牌或者标签		
12	B		3.16 井道下方空间的防护			

学习活动4　工作总结与评价

学习目标

1. 能按分组情况，派代表展示工作成果，说明本次任务的完成情况，并做分析总结。

2. 能结合任务完成情况，正确规范地撰写工作总结。

3. 能就本次任务中出现的问题提出改进措施。

4. 能对学习与工作进行反思总结，并能与他人开展良好合作，进行有效沟通。

建议学时　2学时

学习过程

一、个人、小组评价

以小组为单位，选择演示文稿、展板、海报、视频等形式中的一种或几种，向全班展示、汇报工作成果。在展示的过程中，以小组为单位进行评价；评价完成后，根据其他小组对本组展示成果的评价意见进行归纳总结。

汇报思路设计：

其他小组的评价意见：

二、教师评价

认真听取教师对本小组展示成果优缺点以及在完成任务过程中出现的亮点和不足的评价意见，并做好记录。

1．教师对本小组展示成果优点的点评。

2．教师对本小组展示成果缺点及改进方法的点评。

3．教师对本小组在整个任务完成过程中出现的亮点和不足的点评。

三、工作过程回顾及总结

1．在团队学习过程中，项目负责人给你分配了哪些工作任务？你是如何完成的？还有哪些需要改进的地方？

2．总结完成电梯井道监督检验任务过程中遇到的问题和困难，列举 2 ~ 3 点你认为比较值得和其他同学分享的工作经验。

3．回顾本学习任务的工作过程，对新学专业知识和技能进行归纳和整理，撰写工作总结。

评价与分析

按照客观、公正和公平原则，在教师的指导下按自我评价、小组评价和教师评价三种方式对自己或他人在本学习任务中的表现进行综合评价。综合等级按：A（90 ~ 100）、B（75 ~ 89）、C（60 ~ 74）、D（0 ~ 59）四个级别进行填写。

学习任务综合评价表

考核项目	评价内容	配分（分）	评价分数		
			自我评价	小组评价	教师评价
职业素养	劳动保护用品穿戴完备，仪容仪表符合工作要求	5			
	安全意识、责任意识、服从意识强	6			
	积极参加教学活动，按时完成各项学习任务	6			
	团队合作意识强，善于与人交流和沟通	6			
	自觉遵守劳动纪律，尊敬师长，团结同学	6			
	爱护公物，节约材料，管理现场符合 6S 标准	6			
专业能力	专业知识扎实，有较强的自学能力	10			
	操作积极，训练刻苦，具有一定的动手能力	15			
	技能操作规范，注重检验工艺，工作效率高	10			
工作成果	电梯井道监督检验符合规范要求	20			
	工作总结符合要求	10			
总分		100			
总评	自我评价 ×20%+ 小组评价 ×20%+ 教师评价 ×60%=	综合等级	教师（签名）：		

学习任务四　电梯轿厢与对重监督检验

学习目标

1. 能查阅相关标准和行业规范，正确填写《电梯轿厢与对重监督检验工作任务单》。

2. 能根据《电梯轿厢与对重监督检验工作任务单》，制订检验实施计划。

3. 能正确使用声级计等检验工具，正确穿戴安全防护用品，严格执行安全技术标准和6S管理规定。

4. 能协同小组成员完成电梯轿厢与对重监督检验工作。

5. 能对电梯轿厢与对重监督检验各分项目做出是否合格的判断，并对检验不合格的项目给出正确的处理意见。

6. 能主动获取有效信息，展示工作成果，对学习与工作进行总结反思，并能与他人开展良好合作，进行有效沟通。

建议学时

20学时

工作情景描述

某楼盘有一台产品编号为E/3003的曳引式电梯，近期刚完成安装和调试。电梯安装公司为了在合同约定日期内将电梯交付使用单位，拟安排工程部根据《电梯监督检验和定期检验规则——曳引与强制驱动电梯》（TSG T7001—2009）、《电梯制造与安装安全规范》（GB 7588—2003）等技术标准文件，对电梯进行轿厢与对重监督检验自检，两天完成。

工作流程与活动

学习活动 1　明确检验任务（2 学时）

学习活动 2　检验前的准备（4 学时）

学习活动 3　实施检验（12 学时）

学习活动 4　工作总结与评价（2 学时）

学习活动1　明确检验任务

学习目标

1. 能正确填写《电梯轿厢与对重监督检验工作任务单》，明确完成任务的相关要素。

2. 能正确阅读《电梯轿厢与对重监督检验项目、内容及要求》，明确任务包含的检验项目、检验内容及要求。

3. 能根据任务要求正确填写《工作联系单》。

4. 能进行电梯轿厢与对重监督检验安全技术交底。

建议学时　2学时

学习过程

一、明确工作任务

1．查阅受检电梯档案资料和技术规范文件，完成《电梯轿厢与对重监督检验工作任务单》的填写。

电梯轿厢与对重监督检验工作任务单

开始日期	年　月　日	任务单号	
任务描述	某楼盘有一台产品编号为E/3003的曳引式电梯，近期刚完成安装和调试。电梯安装公司为了在合同约定日期内将电梯交付使用单位，拟安排工程部根据《电梯监督检验和定期检验规则——曳引与强制驱动电梯》（TSG T7001—2009）、《电梯制造与安装安全规范》（GB 7588—2003）等技术标准文件，对电梯进行轿厢与对重监督检验自检，两天完成		
设备品种		型号	

续表

<table>
<tr><td colspan="2">制造单位名称</td><td colspan="3"></td></tr>
<tr><td colspan="2">产品编号</td><td></td><td>制造日期</td><td></td></tr>
<tr><td colspan="2">施工单位名称</td><td colspan="3"></td></tr>
<tr><td colspan="2">施工单位许可证明文件编号</td><td></td><td>施工类别</td><td>（安装、改造、重大修理）</td></tr>
<tr><td colspan="2">安装地点</td><td></td><td>使用登记证编号</td><td></td></tr>
<tr><td colspan="2">使用单位名称</td><td colspan="3"></td></tr>
<tr><td colspan="2">维护保养单位名称</td><td colspan="3"></td></tr>
<tr><td rowspan="2">设备技术参数</td><td>额定载重</td><td>______kg</td><td>额定速度</td><td>_______m/s</td></tr>
<tr><td>层站门数</td><td>____层站门</td><td>控制方式</td><td>______</td></tr>
<tr><td>检验依据</td><td colspan="4">《电梯监督检验和定期检验规则——曳引与强制驱动电梯》（TSG T7001—2009，含第 1 号、第 2 号修改单）</td></tr>
<tr><td>主要检验工具、仪器仪表及设备</td><td colspan="4"></td></tr>
</table>

2．仔细阅读《电梯轿厢与对重监督检验项目、内容及要求》，查阅电梯检规及电梯标准文件，填空并回答问题。

电梯轿厢与对重监督检验项目、内容及要求

<table>
<tr><th colspan="3">检验项目及内容</th><th>检验要求</th></tr>
<tr><td rowspan="5">4 轿厢与对重（平衡重）</td><td>4.1 轿顶电气装置 C</td><td>电源插座</td><td>轿顶应当装设________型电源插座</td></tr>
<tr><td rowspan="4">4.2 轿顶护栏 C</td><td>护栏的组成</td><td>护栏由_____、_____m 高的护脚板和位于护栏高度一半处的________________组成</td></tr>
<tr><td>扶手高度</td><td>当护栏扶手外缘与井道壁的自由距离不大于 0.85 m 时，扶手高度不小于______m；当该自由距离大于 0.85 m 时，扶手高度不小于______m</td></tr>
<tr><td>装设位置</td><td>护栏装设在距轿顶边缘______m 之内，并且其扶手外缘和井道中的任何部件之间的水平距离不小于______m</td></tr>
<tr><td>警示标志</td><td>护栏上有关于俯伏或斜靠护栏危险的___________或者须知</td></tr>
</table>

续表

检验项目及内容			检验要求
4　轿厢与对重（平衡重）	4.3　安全窗（门）C	手动上锁装置	如果轿厢设有安全窗（门），应设有手动上锁装置，能够______钥匙从轿厢外开启安全窗（门），能够用__________钥匙从轿厢内开启安全窗（门）
		安全门（窗）开启	轿厢安全窗不能向__________开启，并且开启位置不超出轿厢的__________；轿厢安全门不能向__________开启，并且__________没有对重（平衡重）或者固定障碍物
	4.4　轿厢和对重（平衡重）间距C		轿厢及关联部件与对重（平衡重）之间的距离应当不小于______mm
	4.6　轿厢面积C	有效面积	各额定载重对应的轿厢最大有效面积允许增加不大于所列值______的面积
	4.7　轿厢内铭牌和标识C	铭牌	轿厢内应当设置铭牌，标明________________及________________、______________________；改造后的电梯，铭牌上应当标明________________及乘客人数（载货电梯只标载重）、________单位名称、改造竣工日期等
		出口层选层按钮标识	设有IC卡系统的电梯，轿厢内的____________选层按钮应当采用凸起的星形图案予以标识，或者采用比其他按钮明显凸起的________按钮
	4.11　安全钳B	铭牌	安全钳上应当设有铭牌，标明______________、型号、编号、技术参数和______________的名称或者标志，铭牌内容和______________、调试证书内容应当相符
		电气安全装置	轿厢上应当装设一个在轿厢安全钳动作之前动作或同时动作的______________

（1）轿顶护栏在什么情况下设置？

（2）简述轿顶护栏的组成。

（3）护栏扶手的高度是如何规定的?

（4）轿顶装设护栏有什么具体要求?

（5）轿厢安全窗的主要作用是什么？对其尺寸有何要求?

（6）检规中对轿厢的额定载重和额定面积做了严格规定，这样做有什么实际意义?

（7）某台客梯额定载重为 1 000 kg，经测绘计算出轿厢的实际面积是 2.5 m^2，根据相关标准计算并评判该电梯是否合格。

（8）某台客梯额定载重为 1 000 kg，经测绘计算出轿厢的实际面积是 2.6 m^2，根据相关标准计算并评判该电梯是否合格。

（9）轿厢内设置铭牌标识，这样规定有什么实际意义?

（10）对于装设 IC 卡系统的电梯，轿厢内的出口层选层按钮做了哪些规定?

（11）轿顶面对层门入口的位置为何无须装设轿顶护栏?

（12）轿顶护栏距离轿顶边缘小于 15 cm，是出于什么考虑?

3．阅读并填写《工作联系单》。

工作联系单　　编号：

工程名称	电梯轿厢与对重监督检验	日期	
接收单位		抄送单位	
主题			
联系情况记录：			
接收单位		发出单位	
工程负责人		技术负责人	

二、安全技术交底

阅读《电梯轿厢与对重监督检验安全技术交底》，进一步明确电梯轿厢与对重监督检验安全技术交底的内容，了解可能存在的风险，避免发生安全事故。

电梯轿厢与对重监督检验安全技术交底

工程名称	
施工内容	
安全技术交底内容	
一、电梯轿厢与对重检验安全防护要求 1．检验人员应当正确着装，佩戴安全帽，穿防护鞋，扣紧领口、袖口，女员工束紧长发，摘除身上佩戴的首饰等物品 2．检验人员应当在使用单位电梯管理人员的配合下实施检验；学校组织课堂教学时每组检验学员同时进入轿顶的人数不超过 2 人 3．检验前，应当将标明正在检验的标示牌和围栏放置于电梯井道入口处，确认轿厢内无人 4．轿厢与对重检验事故预防：防止检验工具从轿顶坠落；防止检验人员从轿顶坠落；检验人员应当注意轿顶及周围工作环境内旋转设备的防护（包括轿顶反绳轮、对重反绳轮等设备），在旋转设备周围检验时，严禁戴手套	

续表

安全技术交底内容			
二、轿厢与对重监督检验安全技术流程 1．上轿顶：上轿顶前，要验明门锁、急停开关、检修开关的有效性。在确保“三验”无误后，方可操作 2．轿顶作业：严格遵守专业技术规范和安全守则开展作业 3．退出轿顶：恢复设备开关，检查工具、仪表等是否带出，在确认无误后退出轿顶 4．安全强化：要求学员能对现场可能出现的安全事故进行叙述，并给出预防措施			
交底人		交底日期	
接受人		接受日期	

（1）进行轿厢与对重检验前应做好哪些防护措施，以保护检验人员的安全？

（2）进行轿厢与对重电气检验前应主要注意哪些问题？

（3）轿厢与对重检验有哪些常见的事故？举例说明。

学习活动 2　检验前的准备

学习目标

1. 能合理制订检验实施计划，包含实施流程计划、时间计划、组织计划等。

2. 掌握电梯轿厢与对重监督检验的主要技术要点。

3. 能正确选用电梯轿厢与对重监督检验所需工具、仪器仪表及检验设备。

4. 掌握声级计的使用方法。

5. 能正确穿戴个人安全防护用品，明确施工现场 6S 管理规定。

建议学时　4 学时

学习过程

一、制订检验实施计划

阅读《电梯轿厢与对重监督检验实施计划》，将其补充完整。

电梯轿厢与对重监督检验实施计划

主题	分计划内容		备注
制订电梯轿厢与对重监督检验实施计划	实施流程计划	按照《电梯轿厢与对重监督检验项目、内容及要求》中的顺序实施	
	时间计划	电梯轿厢与对重监督检验任务实施 开始时间： 结束时间： 用时计划：	

续表

主题	分计划内容		备注
制订电梯轿厢与对重监督检验实施计划	组织计划	任务实施小组组内分工 现场检测： 数据记录： 现场拍照、录像： 检验结果分析、归纳、评价与判断：	

二、电梯轿厢与对重监督检验技术要点与标准分析

阅读《电梯轿厢与对重监督检验技术要点与标准分析》，回答下列问题。

电梯轿厢与对重监督检验技术要点与标准分析

检验项目及内容			技术要点与标准分析	备注
4　轿厢与对重（平衡重）	4.1　轿顶电气装置 C	电源插座	本版检规取消了 02 版检规“轿顶检修控制应优先于其他检修控制”这一要求。GB 7588—2003 中对检修装置的设置做出了规定，即对于无机房电梯，除了在轿顶设置检修装置外，如果需要在轿厢内、底坑或者平台上移动轿厢，则还可以再设置一个附加检修装置，但不允许设置两个以上的检修装置	
	4.2　轿顶护栏 C	护栏的组成	本版检规与 02 版检规的要求有所不同。02 版检规的相应要求是，离轿顶外侧水平方向距离超过 0.30 m 的自由距离时，轿顶应装设护栏，并固定可靠。护栏高度一般不超过轿顶最高部件，当顶层高度允许时，护栏高度应为 1.05 m 注意，轿顶装设的护栏如为轿顶最高部件，则当对重完全压在缓冲器上时，护栏顶与井道顶最低部件之间的垂直距离不应小于（$0.30+0.035\,v^2$）m	
		扶手高度		
		装设位置		
		警示标志		
	4.3　安全窗（门）C	手动上锁装置	本版检规与 02 版检规相比，增加了对轿厢安全门的要求，并且对安全门、安全窗的锁紧、开启要求更加具体 轿厢安全门：相邻轿厢，水平距离≤ 0.75 m，高度≥ 1.80 m，宽度≥ 0.35 m	
		安全门（窗）开启		
	4.4　轿厢和对重（平衡重）间距 C		轿厢整个高度上和对重的距离都应满足此要求，而不是仅轿顶边缘和对重的距离满足要求	

续表

<table>
<tr><th colspan="3">检验项目及内容</th><th>技术要点与标准分析</th><th>备注</th></tr>
<tr><td rowspan="5">4 轿厢与对重（平衡重）</td><td>4.6 轿厢面积 C</td><td>有效面积</td><td>02 版检规的要求是，轿厢的有效面积应符合有关规定。本版检规则列出了 S–Q 关系表（额定载重与轿厢最大有效面积的关系表），还对载货电梯轿厢超面积的控制条件做出了规定。注意，计算有效面积时，门口的面积应计入。图中的阴影部分即为有效面积
有效面积</td><td></td></tr>
<tr><td rowspan="2">4.7 轿厢内铭牌和标识 C</td><td>铭牌</td><td rowspan="2">此项是检规 2 号修改单的修改内容，原标题为“轿厢内铭牌”。第 4.7 项为 C 类项目，02 版检规相应项为重要项目。与 02 版检规相比，本版检规增加了改造电梯的铭牌要求，改造单位和检验机构应当注意
新增对装设 IC 卡的电梯的规定</td><td rowspan="2"></td></tr>
<tr><td>出口层选层按钮标识</td></tr>
<tr><td rowspan="2">4.11 安全钳 B</td><td>铭牌</td><td rowspan="2">本版检规对安全钳的铭牌提出了具体要求
电气安全装置俗称安全钳联动开关，通常装设在轿厢上，多数安装在轿顶，也有安装在轿底的。没有规定该电气安全装置必须是自动复位型或者非自动复位型。无论采用哪种复位形式，只要是电气安全装置且能有效动作即可</td><td rowspan="2"></td></tr>
<tr><td>电气安全装置</td></tr>
</table>

（1）本版检规与 02 版检规相比，对轿顶护栏的要求有何不同？

（2）什么条件下可以设置轿厢安全门?

（3）轿厢和对重间距有什么特殊要求?

（4）计算轿厢有效面积时，有哪些注意事项?

（5）检规中对安全钳铭牌有什么规定?

（6）检规中对安全钳联动开关有什么规定?

三、电梯检验用具的选用（轿厢与对重）

在下表中选出电梯轿厢与对重监督检验需要的用具，并简要写出其作用。

电梯检验用具

类别	名称（使用到的打√）	作用
仪器仪表	□万用表	
	□验电笔	
	□温湿度计	
	□钳形电流表	
	□接地电阻测量仪	
	□绝缘电阻测量仪	
	□转速表	
	□声级计	
	□光照度计	
	□测力计	
	□超声波测距仪	
	□激光测距仪	
检验工具	□钢卷尺	
	□钢直尺	
	□直角尺	
	□游标卡尺	
	□气泡水平仪	
	□塞尺	
	□磁力线坠	
	□放大镜	
	□活扳手	
	□十字旋具	
	□一字旋具	
检验设备	□限速器测试设备	
	□钢丝绳探伤仪	

续表

类别	名称（使用到的打√）	作用
检验设备	□导轨垂直度测量仪	
	□振动加速度测量仪	
专用工具	□安全护栏	
	□三角钥匙	
	□电梯专用阻门器	
	□宽口游标卡尺	
防护用品	□安全帽	
	□安全鞋	
	□工作服	
	□劳保手套	
	□吊索（高空作业安全带）	
辅助用品	□对讲机	
	□手电筒	
	□照相机（或手机）	

四、声级计的使用方法

声级计是最基本的噪声测量仪器，认真阅读下表，回答下列问题。

声级计的使用方法

序号	图示	使用方法	说明
1		打开电池盒，装上4 节 1.5 V 电池	安装电池时，注意检查电池是否失效，并注意电池正负极不要接反。当电池电量不足时，LED 显示屏会显示电量不足。使用完毕，应将电池取出，以防止电池漏电或腐蚀仪表

续表

序号	图示	使用方法	说明
2	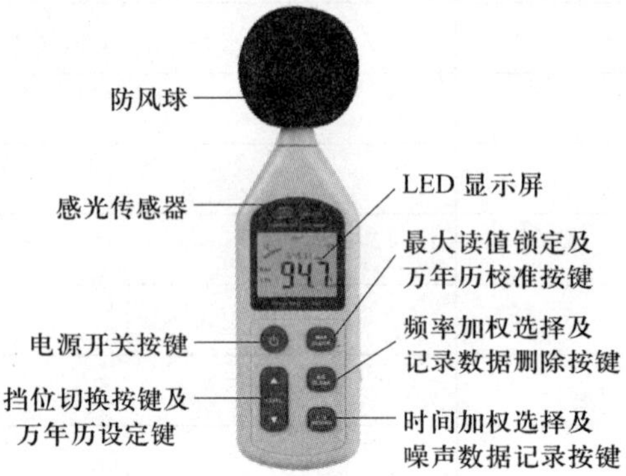 防风球 感光传感器 LED 显示屏 最大读值锁定及万年历校准按键 电源开关按键 频率加权选择及记录数据删除按键 挡位切换按键及万年历设定键 时间加权选择及噪声数据记录按键	按下“电源开关”键，使声级计为开机状态 选择测量挡位：按挡位切换按键及万年历设定键设置需要的测量挡位，一般选择最大测量挡位	如果当前测量声音分贝数小于最低测量挡位，则显示为“UNDER”；如果当前测量声音分贝数大于最高测量挡位，则显示为“OVER”
3	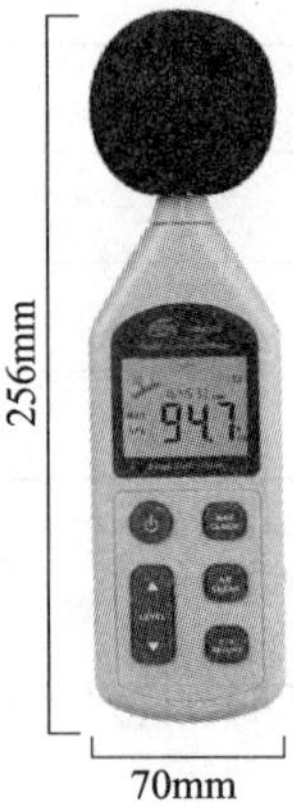 256mm 70mm	时间加权的选择：开机默认的时间加权为“FAST”（快速）；中间任何时刻按下时间加权选择及噪声数据记录按键，则时间加权为“SLOW”（慢速）	注意，要读取当前即时噪声值应选择“FAST”，要读取 1 s 内的平均噪声值应选择“SLOW”
4	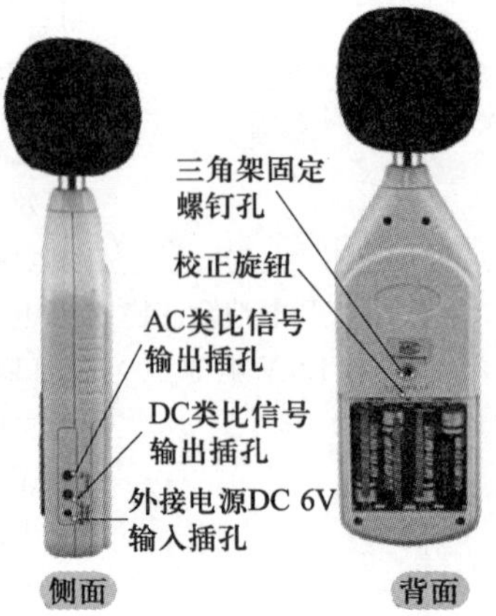 三角架固定螺钉孔 校正旋钮 AC类比信号输出插孔 DC类比信号输出插孔 外接电源DC 6V输入插孔 侧面 背面	频率加权的选择：开机默认的频率加权为 A，LED 显示屏右下角显示为“A”；中间任意时间按下频率加权选择及记录数据删除按键，转换频率加权为 C，LED 显示屏右下角显示为“C”	注意，频率加权 A 为人耳所感觉到的噪声量；频率加权 C 为机械噪声的特性

续表

序号	图示	使用方法	说明
5	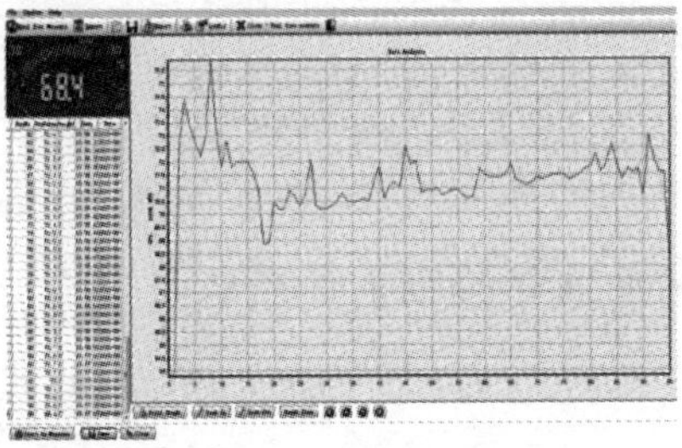	最大值的测量：在噪声测量过程中，按下最大读值锁定及万年历校准按键，可测量最大噪声量，再次按下此键即可退出最大测量，返回正常测量模式 连接计算机实时监控：将声级计的USB接口与计算机连接，计算机安装设备自带的软件后，即可实现实时在线监控以及数据储存与分析	注意，该声级计的测量精度可达±1.5 dB；测量范围为30 ~ 130 dB；无操作时10 min自动关机；最大储存4 700条噪声数据；可通过USB接口与计算机连接，具有记录数据下载、实时数据采样等功能

（1）声级计的基本工作原理是什么？

（2）简述声级计的使用方法。

（3）使用声级计时，有哪些注意事项？

学习活动3 实 施 检 验

学习目标

1. 能进行电梯轿厢与对重监督检验条件确认与安全风险评估。

2. 能根据 TSG T7001—2009 中电梯轿厢与对重监督检验项目、内容与要求，实施电梯轿厢与对重监督检验。

3. 能判断检验项目是否合格，分析原因，并提出整改措施。

4. 能根据检验情况，完成《电梯轿厢与对重监督检验报告单》。

建议学时 12学时

学习过程

一、条件确认与安全风险评估

在进行轿厢与对重监督检验工作之前，应确认实施条件是否具备，并正确评估检验现场的安全风险。

认真阅读《条件确认与安全风险评估表》，逐项进行确认。此表实行负面清单制，只进行扣分记录，当出现扣分项，暂停实操，进行整改。

条件确认与安全风险评估表

任务名称：________　检验人员：________　日期：　年　月　日

<table>
<tr><th>实施检验前条件项目</th><th colspan="4">内容（任务准备不足、违反安全文明生产，酌情扣 10 ~ 100 分）</th><th colspan="2">是否合格</th><th>违规记录</th><th>备注</th></tr>
<tr><td rowspan="3">一、职业素养</td><td colspan="4">1．服从工作组长（教师）安排，遵守现场纪律，落实安全责任</td><td colspan="2">□合格　□不合格</td><td></td><td></td></tr>
<tr><td colspan="4">2．手机关机或振动，并存放于指定的位置</td><td colspan="2">□合格　□不合格</td><td></td><td></td></tr>
<tr><td colspan="4">3．认真理解并执行 6S 管理（安全、整理、整顿、清扫、清洁、素养）</td><td colspan="2">□合格　□不合格</td><td></td><td></td></tr>
<tr><td rowspan="3">二、安全防护</td><td colspan="4">1．规范佩戴安全帽（符合国标 GB 2811—2019《头部防护　安全帽》）</td><td colspan="2">□合格　□不合格</td><td></td><td></td></tr>
<tr><td colspan="4">2．穿着工服，上衣无拉链（扣子式），穿长裤。严禁穿短裤，女生必须束发</td><td colspan="2">□合格　□不合格</td><td></td><td></td></tr>
<tr><td colspan="4">3．穿着安全鞋，严禁穿拖鞋</td><td colspan="2">□合格　□不合格</td><td></td><td></td></tr>
<tr><td>三、工具选择（选用打√）</td><td>□万用表
□钳形电流表
□接地电阻测量仪
□绝缘电阻测量仪
□加、减速度测量仪
□转速表</td><td>□限速器测试设备
□钢丝绳探伤仪
□导轨垂直度测量仪
□声级计
□游标卡尺
□气泡水平仪</td><td>□塞尺
□磁力线坠
□湿度计
□温度计
□放大镜
□测力计</td><td>□活扳手
□验电笔
□对讲机
□手电筒
□十字旋具
□一字旋具</td><td>□照相机
□直角尺
□钢直尺
□钢卷尺
□阻门器
□三角钥匙</td><td>□护栏
□超声波测距仪
□激光测距仪
□其他：
________</td><td></td><td></td></tr>
<tr><td>四、安全风险评估（认识检验过程中可能发生的安全风险）</td><td colspan="6">□人员坠落井道　□工具坠落井道　□剪切　□碰撞　□旋转设备的伤害　□触电
□其他：________</td><td></td><td></td></tr>
</table>

二、检验实施

根据 TSG T7001—2009 的相关要求，实施电梯轿厢与对重监督检验。

电梯轿厢与对重监督检验实施表

工作内容	检验内容与要求	检验方法	检验过程与结果	配分（分）	得分
4.1 轿顶电气装置 C	轿顶应当装设 2P+PE 型电源插座 AC220V 电源插座	（1）目测检修运行控制装置、停止装置和电源插座的设置 （2）操作验证检修运行控制装置、安全装置和停止装置的功能	（1）检查轿顶是否装设 2P+PE 型电源插座（□是 □否），并检验插座是否有效（□是 □否） （2）查阅电梯电气原理图，分析检修电路原理 ★**检验结论**：□合格 □不合格	15	

续表

工作内容	检验内容与要求	检验方法	检验过程与结果	配分（分）	得分
4.2　轿顶护栏 C	当井道壁离轿顶外侧水平方向的自由距离超过 0.3 m 时，轿顶应当装设护栏，并且满足以下要求： （1）护栏由扶手、0.10 m 高的护脚板和位于护栏高度一半处的中间栏杆组成 （2）当护栏扶手外缘与井道壁的自由距离不大于 0.85 m 时，扶手高度不小于 0.70 m；当该自由距离大于 0.85 m 时，扶手高度不小于 1.10 m 轿顶护栏	目测或者测量相关数据	（1）护栏的组成：________、________、________ （2）护栏扶手高度：左侧______m，右侧______m，对重侧______m （3）护栏护脚板高度：左侧______m，右侧______m，对重侧______m （4）轿顶外缘与井道壁的自由距离：A 为______m，B 为______m，C 为______m 层门侧　C　A　B　对重 平面图 ★检验结论：□合格　□不合格	15	

续表

工作内容	检验内容与要求	检验方法	检验过程与结果	配分（分）	得分
4.2 轿顶护栏 C	（3）护栏装设在距轿顶边缘 0.15 m 之内，并且其扶手外缘和井道中的任何部件之间的水平距离不小于 0.10 m （4）护栏上有关于俯伏或斜靠护栏危险的警示符号或者须知 轿顶警示标志	目测或者测量相关数据	（5）护栏装置距离轿顶边缘距离：D 为______m，E 为______m，F 为______m 思考：为什么要求护栏距离轿顶边缘在 0.15 m 之内 （6）护栏上是否有关于俯伏或者斜靠护栏危险的警示符号或者须知（□是 □否） 护栏距离轿顶边缘示意图 ★**检验结论**：□合格 □不合格	15	
4.3 安全窗（门）C	如果轿厢设有安全窗（门），应当符合以下要求： （1）设有手动上锁装置，能够不用钥匙从轿厢外开启安全窗（门），能够用规定的三角钥匙从轿厢内开启安全窗（门） （2）轿厢安全窗不能向轿厢内开启，并且开启位置不超出轿厢的边缘；轿厢安全门不能向轿厢外开启，并且出入路径没有对重（平衡重）或者固定障碍物	操作验证	（1）在轿顶打下急停开关，手动将安全窗打开，观察安全窗的手动上锁装置是否符合要求（□是 □否） （2）观察安全窗开启位置是否超出轿厢的边缘（□是 □否） ★**检验结论**：□合格 □不合格 □无此项	10	

续表

工作内容	检验内容与要求	检验方法	检验过程与结果	配分（分）	得分
4.4　轿厢和对重（平衡重）间距 C	轿厢及关联部件与对重（平衡重）之间的距离应当不小于 50 mm  测量示意图 1 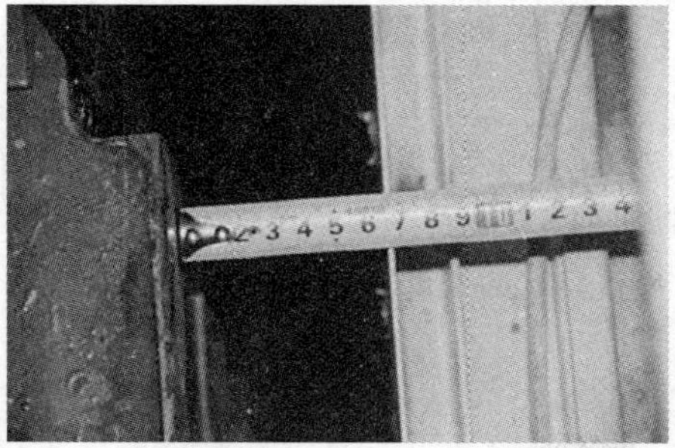 测量示意图 2	测量相关数据	将轿厢运行到与对重同一水平位置，在对重的上部、中部、下部 3 处分别测量轿厢侧凸出部分与对重凸出部分之间的距离，测量 2 ~ 3 个点，记录下来，并与规定值进行比较，得出检验结论。现场拍照（录像）作为见证材料 轿厢与对重上部，距离 1：______mm，距离 2：______mm 轿厢与对重中部，距离 3：______mm，距离 4：______mm 轿厢与对重下部，距离 5：______mm，距离 6：______mm ★**检验结论**：□合格　□不合格	15	

续表

<table>
<tr><th>工作内容</th><th>检验内容与要求</th><th>检验方法</th><th>检验过程与结果</th><th>配分（分）</th><th>得分</th></tr>
<tr>
<td>4.6 轿厢面积
C</td>
<td>轿厢有效面积应当符合下述规定。下述各额定载重对应的轿厢最大有效面积允许增加不大于所列值5% 的面积
额定载重与轿厢最大有效面积的关系
<table>
<tr><th>Q[①]</th><th>S[②]</th><th>Q</th><th>S</th><th>Q</th><th>S</th><th>Q</th><th>S</th></tr>
<tr><td>100[③]</td><td>0.37</td><td>525</td><td>1.45</td><td>900</td><td>2.20</td><td>1 275</td><td>2.95</td></tr>
<tr><td>180[④]</td><td>0.58</td><td>600</td><td>1.60</td><td>975</td><td>2.35</td><td>1 350</td><td>3.10</td></tr>
<tr><td>225</td><td>0.70</td><td>630</td><td>1.66</td><td>1 000</td><td>2.40</td><td>1 425</td><td>3.25</td></tr>
<tr><td>300</td><td>0.90</td><td>675</td><td>1.75</td><td>1 050</td><td>2.50</td><td>1 500</td><td>3.40</td></tr>
<tr><td>375</td><td>1.10</td><td>750</td><td>1.90</td><td>1 125</td><td>2.65</td><td>1 600</td><td>3.56</td></tr>
<tr><td>400</td><td>1.17</td><td>800</td><td>2.00</td><td>1 200</td><td>2.80</td><td>2 000</td><td>4.20</td></tr>
<tr><td>450</td><td>1.30</td><td>825</td><td>2.05</td><td>1 250</td><td>2.90</td><td>2 500[⑤]</td><td>5.00</td></tr>
</table>
注：①额定载重，kg；②轿厢最大有效面积，m^2；③一人电梯的最小值；④二人电梯的最小值；⑤额定载重超过 2 500 kg 时，每增加 100 kg，面积增加 0.16 m^2。对于中间的载重，其面积由线性插入法确定</td>
<td>测量计算轿厢有效面积</td>
<td>（1）在轿厢内距离轿厢地面 1 m 处，测量相关数据并绘制轿厢的有效面积图。根据实测尺寸，计算出轿厢的实际有效面积 S_1：________m^2
绘制轿厢的有效面积图：

（2）轿厢的额定载重 Q：______kg
通过查阅相关标准，得出该额定载重电梯对应的最大有效面积 S_0：________m^2
（3）将轿厢的实际有效面积 S_1 和最大有效面积 S_0 进行比较，超标面积：________%，计算依据：______________
★检验结论：□合格　□不合格</td>
<td>15</td>
<td></td>
</tr>
</table>

续表

工作内容	检验内容与要求	检验方法	检验过程与结果	配分（分）	得分
4.7　轿厢内铭牌和标识 C	（1）轿厢内应当设置铭牌，标明额定载重及乘客人数（载货电梯只标载重）、制造单位名称或者商标；改造后的电梯，铭牌上应当标明额定载重及乘客人数（载货电梯只标载重）、改造单位名称、改造竣工日期等 铭牌 （2）设有 IC 卡系统的电梯，轿厢内的出口层选层按钮应当采用凸起的星形图案予以标识，或者采用比其他按钮明显凸起的绿色按钮	目测	（1）在轿厢内检查电梯轿厢铭牌和标识 电梯类别：________ 额定载重：______kg 乘客人数（载货电梯只标载重）：______人 制造单位名称：________ 对于改造后的电梯应有如下标识： 额定载重：______kg 乘客人数（载货电梯只标载重）：______人 改造单位名称：________ 改造竣工日期：________ （2）设有 IC 卡系统的电梯，轿厢内的出口层选层按钮是否采用凸起的星形图案予以标识（□是　□否），是否采用比其他按钮明显凸起的绿色按钮（□是　□否） ★**检验结论**：□合格　□不合格	15	

续表

工作内容	检验内容与要求	检验方法	检验过程与结果	配分（分）	得分
4.11 安全钳 B	（1）安全钳上应当设有铭牌，标明制造单位名称、型号、编号、技术参数和型式试验机构的名称或者标志，铭牌内容和型式试验合格证书、调试证书内容应当相符 （2）轿厢上应当装设一个在轿厢安全钳动作之前动作或同时动作的电气安全装置 电气安全装置	（1）对照检查安全钳型式试验合格证书、调试证书和铭牌 （2）目测电气安全装置的设置	（1）安全钳铭牌标识的检验 制造单位名称：________ 型号：________ 编号：________ 技术参数：________ 型式试验机构的名称或者标志：________ 铭牌、型式试验合格证书、调试证书的内容是否相符（□是 □否） （2）目测轿厢上的电气安全装置是否符合要求（□是 □否） ★**检验结论**：□合格 □不合格 □无此项	15	
合计： 分					

三、填写《电梯轿厢与对重监督检验报告单》

根据任务实施情况，完成《电梯轿厢与对重监督检验报告单》。检验结论使用“合格”“不合格”“无此项”等规范用语。

电梯轿厢与对重监督检验报告单

<table>
<tr><th>序号</th><th>检验类别</th><th colspan="3">检验项目及其内容</th><th>检验结论</th><th>备注</th></tr>
<tr><td>1</td><td>C</td><td rowspan="13">4 轿厢与对重（平衡重）</td><td>4.1 轿顶电气装置</td><td>电源插座</td><td></td><td></td></tr>
<tr><td rowspan="4">2</td><td rowspan="4">C</td><td rowspan="4">4.2 轿顶护栏</td><td>护栏的组成</td><td></td><td></td></tr>
<tr><td>扶手高度</td><td></td><td></td></tr>
<tr><td>装设位置</td><td></td><td></td></tr>
<tr><td>警示标志</td><td></td><td></td></tr>
<tr><td rowspan="2">3</td><td rowspan="2">C</td><td rowspan="2">4.3 安全窗（门）</td><td>手动上锁装置</td><td></td><td></td></tr>
<tr><td>安全门（窗）开启</td><td></td><td></td></tr>
<tr><td>4</td><td>C</td><td colspan="2">4.4 轿厢和对重（平衡重）间距</td><td></td><td></td></tr>
<tr><td>5</td><td>C</td><td>4.6 轿厢面积</td><td>有效面积</td><td></td><td></td></tr>
<tr><td rowspan="2">6</td><td rowspan="2">C</td><td rowspan="2">4.7 轿厢内铭牌和标识</td><td>铭牌</td><td></td><td></td></tr>
<tr><td>出口层选层按钮标识</td><td></td><td></td></tr>
<tr><td rowspan="2">7</td><td rowspan="2">B</td><td rowspan="2">4.11 安全钳</td><td>铭牌</td><td></td><td></td></tr>
<tr><td>电气安全装置</td><td></td><td></td></tr>
</table>

学习活动 4 工作总结与评价

学习目标

1. 能按分组情况，派代表展示工作成果，说明本次任务的完成情况，并做分析总结。

2. 能结合任务完成情况，正确规范地撰写工作总结。

3. 能就本次任务中出现的问题提出改进措施。

4. 能对学习与工作进行反思总结，并能与他人开展良好合作，进行有效沟通。

建议学时 2 学时

学习过程

一、个人、小组评价

以小组为单位，选择演示文稿、展板、海报、视频等形式中的一种或几种，向全班展示、汇报工作成果。在展示的过程中，以小组为单位进行评价；评价完成后，根据其他小组对本组展示成果的评价意见进行归纳总结。

汇报思路设计：

其他小组的评价意见：

二、教师评价

认真听取教师对本小组展示成果优缺点以及在完成任务过程中出现的亮点和不足的评价意见，并做好记录。

1．教师对本小组展示成果优点的点评。

2．教师对本小组展示成果缺点及改进方法的点评。

3．教师对本小组在整个任务完成过程中出现的亮点和不足的点评。

三、工作过程回顾及总结

1．在团队学习过程中，项目负责人给你分配了哪些工作任务？你是如何完成的？还有哪些需要改进的地方？

2．总结完成电梯轿厢与对重监督检验任务过程中遇到的问题和困难，列举 2 ~ 3 点你认为比较值得和其他同学分享的工作经验。

3．回顾本学习任务的工作过程，对新学专业知识和技能进行归纳和整理，撰写工作总结。

评价与分析

按照客观、公正和公平原则，在教师的指导下按自我评价、小组评价和教师评价三种方式对自己或他人在本学习任务中的表现进行综合评价。综合等级按：A（90 ~ 100）、B（75 ~ 89）、C（60 ~ 74）、D（0 ~ 59）四个级别进行填写。

学习任务综合评价表

<table>
<tr><th rowspan="2">考核项目</th><th rowspan="2">评价内容</th><th rowspan="2">配分（分）</th><th colspan="3">评价分数</th></tr>
<tr><th>自我评价</th><th>小组评价</th><th>教师评价</th></tr>
<tr><td rowspan="6">职业素养</td><td>劳动保护用品穿戴完备，仪容仪表符合工作要求</td><td>5</td><td></td><td></td><td></td></tr>
<tr><td>安全意识、责任意识、服从意识强</td><td>6</td><td></td><td></td><td></td></tr>
<tr><td>积极参加教学活动，按时完成各项学习任务</td><td>6</td><td></td><td></td><td></td></tr>
<tr><td>团队合作意识强，善于与人交流和沟通</td><td>6</td><td></td><td></td><td></td></tr>
<tr><td>自觉遵守劳动纪律，尊敬师长，团结同学</td><td>6</td><td></td><td></td><td></td></tr>
<tr><td>爱护公物，节约材料，管理现场符合 6S 标准</td><td>6</td><td></td><td></td><td></td></tr>
<tr><td rowspan="3">专业能力</td><td>专业知识扎实，有较强的自学能力</td><td>10</td><td></td><td></td><td></td></tr>
<tr><td>操作积极，训练刻苦，具有一定的动手能力</td><td>15</td><td></td><td></td><td></td></tr>
<tr><td>技能操作规范，注重检验工艺，工作效率高</td><td>10</td><td></td><td></td><td></td></tr>
<tr><td rowspan="2">工作成果</td><td>电梯轿厢与对重监督检验符合规范要求</td><td>20</td><td></td><td></td><td></td></tr>
<tr><td>工作总结符合要求</td><td>10</td><td></td><td></td><td></td></tr>
<tr><td colspan="2">总分</td><td>100</td><td></td><td></td><td></td></tr>
<tr><td rowspan="2">总评</td><td rowspan="2">自我评价 ×20%+ 小组评价 ×20%+ 教师评价 ×60%=</td><td>综合等级</td><td colspan="3" rowspan="2">教师（签名）：</td></tr>
<tr><td></td></tr>
</table>

学习任务五　电梯悬挂装置、补偿装置及旋转部件防护监督检验

1. 能查阅相关标准和行业规范，正确填写《电梯悬挂装置、补偿装置及旋转部件防护监督检验工作任务单》。

2. 能根据《电梯悬挂装置、补偿装置及旋转部件防护监督检验工作任务单》，制订检验实施计划。

3. 能正确使用宽口游标卡尺等检验工具，正确穿戴安全防护用品，严格执行安全技术标准和6S管理规定。

4. 能协同小组成员完成电梯悬挂装置、补偿装置及旋转部件防护监督检验工作。

5. 能对电梯悬挂装置、补偿装置及旋转部件防护监督检验各分项目做出是否合格的判断，并对检验不合格的项目给出正确的处理意见。

6. 能主动获取有效信息，展示工作成果，对学习与工作进行总结反思，并能与他人开展良好合作，进行有效沟通。

20学时

某楼盘有一台产品编号为E/3003的曳引式电梯，近期刚完成安装和调试。电梯安装

公司为了在合同约定日期内将电梯交付使用单位，拟安排工程部根据《电梯监督检验和定期检验规则——曳引与强制驱动电梯》（TSG T7001—2009）、《电梯制造与安装安全规范》（GB 7588—2003）等技术标准文件，对电梯进行悬挂装置、补偿装置及旋转部件防护监督检验自检，两天完成。

工作流程与活动

学习活动 1　明确检验任务（2 学时）

学习活动 2　检验前的准备（4 学时）

学习活动 3　实施检验（12 学时）

学习活动 4　工作总结与评价（2 学时）

学习活动1　明确检验任务

学习目标

1. 能正确填写《电梯悬挂装置、补偿装置及旋转部件防护监督检验工作任务单》，明确完成任务的相关要素。

2. 能正确阅读《电梯悬挂装置、补偿装置及旋转部件防护监督检验项目、内容及要求》，明确任务包含的检验项目、检验内容及要求。

3. 能根据任务要求正确填写《工作联系单》。

4. 能进行电梯悬挂装置、补偿装置及旋转部件防护监督检验安全技术交底。

建议学时　2学时

学习过程

一、明确工作任务

1．查阅受检电梯档案资料和技术规范文件，完成《电梯悬挂装置、补偿装置及旋转部件防护监督检验工作任务单》的填写。

电梯悬挂装置、补偿装置及旋转部件防护监督检验工作任务单

开始日期	年　月　日	任务单号	
任务描述	某楼盘有一台产品编号为E/3003的曳引式电梯，近期刚完成安装和调试。电梯安装公司为了在合同约定日期内将电梯交付使用单位，拟安排工程部根据《电梯监督检验和定期检验规则——曳引与强制驱动电梯》（TSG T7001—2009）、《电梯制造与安装安全规范》（GB 7588—2003）等技术标准文件，对电梯进行悬挂装置、补偿装置及旋转部件防护监督检验自检，两天完成		

续表

<table>
<tr><td colspan="2">设备品种</td><td></td><td>型号</td><td></td></tr>
<tr><td colspan="2">制造单位名称</td><td colspan="3"></td></tr>
<tr><td colspan="2">产品编号</td><td></td><td>制造日期</td><td></td></tr>
<tr><td colspan="2">施工单位名称</td><td colspan="3"></td></tr>
<tr><td colspan="2">施工单位许可证明
文件编号</td><td></td><td>施工类别</td><td>（安装、改造、重大修理）</td></tr>
<tr><td colspan="2">安装地点</td><td></td><td>使用登记证编号</td><td></td></tr>
<tr><td colspan="2">使用单位名称</td><td colspan="3"></td></tr>
<tr><td colspan="2">维护保养单位名称</td><td colspan="3"></td></tr>
<tr><td rowspan="2">设备技术
参数</td><td>额定载重</td><td>______kg</td><td>额定速度</td><td>______m/s</td></tr>
<tr><td>层站门数</td><td>______层站门</td><td>控制方式</td><td>______</td></tr>
<tr><td>检验依据</td><td colspan="4">《电梯监督检验和定期检验规则——曳引与强制驱动电梯》（TSG T7001—2009，含第1号、第2号修改单）</td></tr>
<tr><td>主要检验
工具、仪器
仪表及设备</td><td colspan="4"></td></tr>
</table>

2．仔细阅读《电梯悬挂装置、补偿装置及旋转部件防护监督检验项目、内容及要求》，查阅电梯检规及电梯标准文件，填空并回答问题。

电梯悬挂装置、补偿装置及旋转部件防护监督检验项目、内容及要求

<table>
<tr><th colspan="2">检验项目及内容</th><th>检验要求</th></tr>
<tr><td>5 悬挂装置、补偿装置及旋转部件防护</td><td>5.1 悬挂装置、补偿装置的磨损、断丝、变形等情况 C</td><td>出现下列情况之一时，悬挂钢丝绳和补偿钢丝绳应当报废：
（1）出现__________、__________、__________、__________、__________
（2）一个______内出现的断丝数量大于下表列出的数值时
断丝的形式和不同类型的钢丝绳对应的断丝数量
<table>
<tr><td rowspan="2">断丝的形式</td><td colspan="3">不同类型的钢丝绳对应的断丝数量</td></tr>
<tr><td>6×19</td><td>8×19</td><td>9×19</td></tr>
<tr><td>均布在外层绳股上</td><td>24</td><td>30</td><td>34</td></tr>
<tr><td>集中在一根或两根外层绳股上</td><td>8</td><td>10</td><td>11</td></tr>
<tr><td>一根外层绳股上相邻的断丝</td><td>4</td><td>4</td><td>4</td></tr>
<tr><td>股谷（缝）断丝</td><td>1</td><td>1</td><td>1</td></tr>
</table>
注：钢丝绳类型中，如6×19，是指钢丝绳共有6股，每股有19根钢丝；1个断丝数量的参考长度为1个捻距，约为6d（d表示钢丝绳的公称直径，mm）</td></tr>
</table>

续表

<table>
<tr><th colspan="3">检验项目及内容</th><th>检验要求</th></tr>
<tr><td rowspan="10">5　悬挂装置、补偿装置及旋转部件防护</td><td colspan="2">5.1　悬挂装置、补偿装置的磨损、断丝、变形等情况 C</td><td>（3）钢丝绳直径小于其公称直径的______%
（4）钢丝绳严重锈蚀，铁锈填满____________
采用其他类型悬挂装置的，悬挂装置的磨损、变形等不得超过____________设定的报废指标</td></tr>
<tr><td colspan="2">5.2　端部固定 C</td><td>悬挂钢丝绳绳端固定应当可靠，__________、__________、________等连接部件无缺损
对于强制驱动电梯，应当采用带楔块的压紧装置，或者至少用 3 个压板将钢丝绳固定在卷筒上
采用其他类型悬挂装置的，其端部固定应当符合_________的规定</td></tr>
<tr><td rowspan="3">5.3　补偿装置 C</td><td>绳（链）端固定</td><td>补偿绳（链）端固定应当________</td></tr>
<tr><td>电气安全装置</td><td>应当使用____________来检查补偿绳的最小张紧位置</td></tr>
<tr><td>补偿绳防跳装置</td><td>当电梯的额定速度大于 3.5 m/s 时，还应当设置补偿绳______装置，该装置动作时应当有一个__________装置使电梯驱动主机__________</td></tr>
<tr><td rowspan="3">5.4　钢丝绳的卷绕 C</td><td>钢丝绳余留圈数</td><td>轿厢完全压缩__________时，卷筒的绳槽中应当至少保留______钢丝绳</td></tr>
<tr><td>钢丝绳卷绕层数</td><td>卷筒上只能卷绕________钢丝绳</td></tr>
<tr><td>防止钢丝绳滑脱和跳出的措施</td><td>应当有措施防止钢丝绳________和________</td></tr>
<tr><td colspan="2">5.5　松绳（链）保护 B</td><td>如果轿厢悬挂在两根钢丝绳或者链条上，则应当设置检查绳（链）松弛的____________装置，当其中一根钢丝绳（链条）发生异常____________时，电梯应当__________</td></tr>
<tr><td colspan="2">5.6　旋转部件的防护 C</td><td>在机房（机器设备间）内的________、________、________、__________，在井道内的_________、_________、_________、____________及___________、________________，在轿厢上的________、________等与钢丝绳、链条形成传动的旋转部件，均应当设置__________，以避免人身伤害、钢丝绳或链条因______而脱离绳槽或者链轮、______进入绳与绳槽或链与链轮之间
对于允许按照《电梯制造与安装安全规范》（GB 7588—1995）及更早期标准生产的电梯，可以按照以下要求检验：</td></tr>
</table>

续表

检验项目及内容		检验要求
5 悬挂装置、补偿装置及旋转部件防护	5.6 旋转部件的防护 C	（1）采用悬臂式曳引轮或者链轮时，有防止钢丝绳__________或者链条__________的装置，并且当驱动主机不装设在井道上部时，有防止______进入绳与绳槽之间或者链条与链轮之间的装置 （2）井道内的__________、______和轿架上固定的_______、__________，有防止钢丝绳__________和__________的防护装置

（1）常用钢丝绳的结构类型有哪些？

（2）什么是钢丝绳的“捻距”？

（3）钢丝绳的报废有几条评价标准？简要说明。

（4）什么是钢丝绳的公称直径？检规中对钢丝绳的直径有什么要求？

（5）常用的悬挂装置有哪些？举例说明。

（6）钢丝绳端部的检验标准是什么？

（7）简述补偿装置的分类。

（8）一般在什么情况下需要装设补偿绳？

（9）装设补偿绳的同时需要装设电气装置，为什么？

（10）在什么情况下需要装设补偿绳防跳装置？该防跳装置还需要满足什么条件？

（11）在电梯机房、井道、底坑中分别有哪些旋转设备需要设置防护？

（12）旋转设备设置防护的目的是什么？

（13）绘制 1∶1 钢丝绳绕组的结构简图。

（14）绘制 2∶1 钢丝绳绕组的结构简图。

（15）绘制 4∶1 钢丝绳绕组的结构简图。

3．阅读并填写《工作联系单》。

工作联系单　　　　编号：

工程名称	电梯悬挂装置、补偿装置及旋转部件防护监督检验	日期	
接收单位		抄送单位	
主题			
联系情况记录：			
接收单位		发出单位	
工程负责人		技术负责人	

二、安全技术交底

阅读《电梯悬挂装置、补偿装置及旋转部件防护监督检验安全技术交底》，进一步明确电梯悬挂装置、补偿装置及旋转部件防护监督检验安全技术交底的内容，了解可能存在的风险，避免发生安全事故。

电梯悬挂装置、补偿装置及旋转部件防护监督检验安全技术交底

工程名称	
施工内容	
安全技术交底内容	
1．检验人员应当正确着装，佩戴安全帽，穿防护鞋，扣紧领口、袖口，女员工束紧长发，摘除身上佩戴的首饰等物品 2．检验人员应当在使用单位电梯管理人员的配合下实施检验；学校组织课堂教学时每组检验学员同时进入机房的人数不超过 4 人，同时进入轿顶的人数不超过 2 人	

续表

<table>
<tr><th colspan="4">安全技术交底内容</th></tr>
<tr><td colspan="4">3. 检验前，应当将标明正在检验的标示牌和围栏放置于电梯井道入口处，确认轿厢内无人
4. 悬挂装置、补偿装置及旋转部件防护检验事故预防：防止检验工具从井道坠落；防止检验人员从井道坠落；检验人员应当注意井道内旋转设备的防护（包括轿顶反绳轮、对重反绳轮、限速器张紧轮等设备）。在旋转设备周围检验时，严禁戴手套</td></tr>
<tr><td>交底人</td><td></td><td>交底日期</td><td></td></tr>
<tr><td>接受人</td><td></td><td>接受日期</td><td></td></tr>
</table>

（1）进行悬挂装置、补偿装置及旋转部件防护检验前应做好哪些防护措施，以保护检验人员的安全?

（2）进行悬挂装置、补偿装置及旋转部件防护电气检验前应主要注意哪些问题?

（3）悬挂装置、补偿装置及旋转部件防护检验有哪些常见的事故? 举例说明。

学习活动 2　检验前的准备

学习目标

1. 能合理制订检验实施计划，包含实施流程计划、时间计划、组织计划等。

2. 掌握电梯悬挂装置、补偿装置及旋转部件防护监督检验的主要技术要点。

3. 能正确选用电梯悬挂装置、补偿装置及旋转部件防护监督检验所需工具、仪器仪表及检验设备。

4. 掌握宽口游标卡尺的使用方法。

5. 能正确穿戴个人安全防护用品，明确施工现场 6S 管理规定。

建议学时　4 学时

学习过程

一、制订检验实施计划

阅读《电梯悬挂装置、补偿装置及旋转部件防护监督检验实施计划》，将其补充完整。

电梯悬挂装置、补偿装置及旋转部件防护监督检验实施计划

主题	分计划内容		备注
制订电梯悬挂装置、补偿装置及旋转部件防护监督检验实施计划	实施流程计划	按照《电梯悬挂装置、补偿装置及旋转部件防护监督检验项目、内容及要求》中的顺序实施	

续表

主题	分计划内容		备注
制订电梯悬挂装置、补偿装置及旋转部件防护监督检验实施计划	时间计划	电梯悬挂装置、补偿装置及旋转部件防护监督检验任务实施 开始时间： 结束时间： 用时计划：	
	组织计划	任务实施小组组内分工 现场检测： 数据记录： 现场拍照、录像： 检验结果分析、归纳、评价与判断：	

二、电梯悬挂装置、补偿装置及旋转部件防护监督检验技术要点与标准分析

阅读《电梯悬挂装置、补偿装置及旋转部件防护监督检验技术要点与标准分析》，回答下列问题。

电梯悬挂装置、补偿装置及旋转部件防护监督检验技术要点与标准分析

检验项目及内容		技术要点与标准分析	备注
5 悬挂装置、补偿装置及旋转部件防护	5.1 悬挂装置、补偿装置的磨损、断丝、变形等情况 C	新版检规的直径磨损指标与 02 版检规不同。02 版检规规定，当钢丝绳公称直径减少 7% 时，即使未发现断丝，该钢丝绳也应报废；新版检规规定，磨损后的钢丝绳直径小于钢丝绳公称直径的 90% 时，该钢丝绳应报废 下图为测量钢丝绳直径（d）的方法 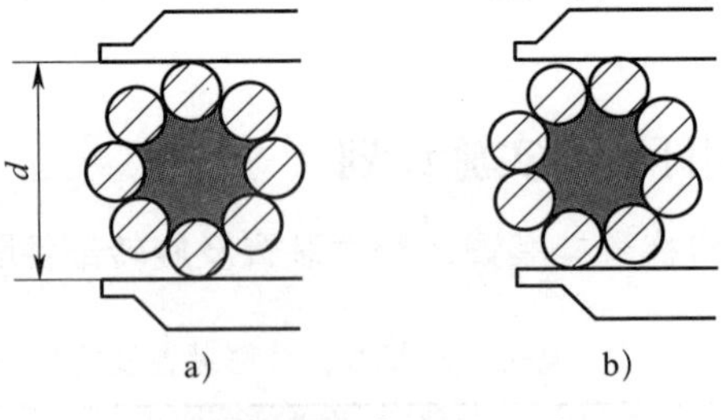 d a)　　b) 测量钢丝绳直径的方法 a）正确　b）错误 多股钢丝绳的“捻距”是指外层股围绕钢丝绳轴线旋转（或螺旋）一周且平行于钢丝，绳轴线对应两点间的距离（H）	

续表

<table>
<tr><th colspan="2">检验项目及内容</th><th>技术要点与标准分析</th><th>备注</th></tr>
<tr><td rowspan="2">5　悬挂装置、补偿装置及旋转部件防护</td><td>5.1　悬挂装置、补偿装置的磨损、断丝、变形等情况 C</td><td> 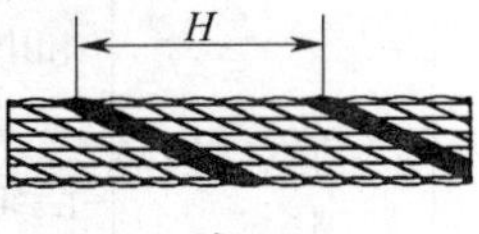H
捻距
下图为钢丝绳出现局部压扁，笼状畸变，严重扭结、绳芯凸出，严重弯折的现象 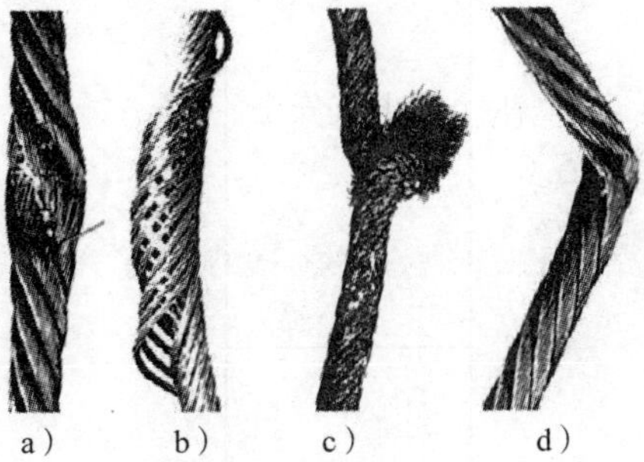
a）b）c）d）
钢丝绳异常现象
a）局部压扁　b）笼状畸变
c）严重扭结、绳芯凸出　d）严重弯折
其他类型的悬挂装置：不超过制造单位设定的报废指标</td><td></td></tr>
<tr><td>5.2　端部固定 C</td><td>新版检规取消了对钢丝绳张力差的要求，增加了“强制驱动电梯，带楔块的压紧装置≥ 3 个压板”等内容
采用其他类型悬挂装置的，其端部固定应当符合制造单位的规定 
钢丝绳端部固定</td><td></td></tr>
</table>

续表

检验项目及内容			技术要点与标准分析	备注
5 悬挂装置、补偿装置及旋转部件防护	5.3 补偿装置 C	绳（链）端固定	新版检规规定，只要采用补偿绳，就要有张紧轮和电气安全装置 当电梯的额定速度大于 3.5 m/s 时，还应当设置补偿绳防跳装置，该装置动作时应当有一个电气安全装置使电梯驱动主机停止运转，也就是既要防止补偿绳过度伸长，又要防止补偿绳在运行中跳脱	
		电气安全装置	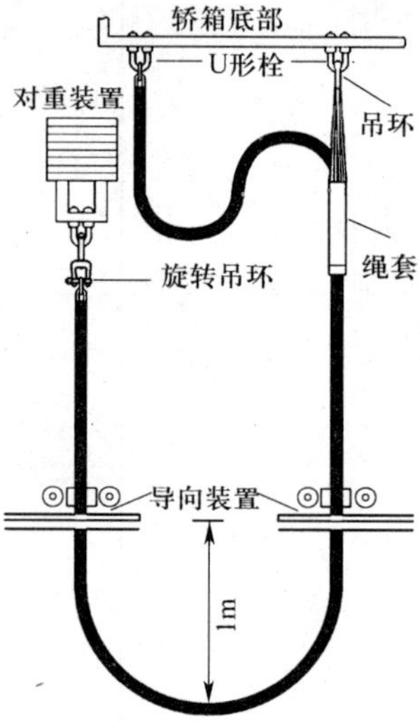 补偿绳安装示意图	
		补偿绳防跳装置		
	5.4 钢丝绳的卷绕 C	钢丝绳余留圈数	对于强制驱动电梯钢丝绳的卷绕，GB 7588—2003 中规定如下： （1）在强制驱动条件下使用的卷筒，应加工出螺旋槽，该槽应与所用钢丝绳相适应 （2）当轿厢停在完全压缩的缓冲器上时，卷筒的绳槽中应至少保留一圈半的钢丝绳 （3）卷筒上只能绕一层钢丝绳 （4）钢丝绳相对于绳槽的偏角（放绳角）不应大于 4°	
		钢丝绳卷绕层数		
		防止钢丝绳滑脱和跳出的措施		
	5.5 松绳（链）保护 B		该项是针对强制驱动电梯的	
	5.6 旋转部件的防护 C		02 版检规的相应要求是，采用悬臂式曳引轮或链轮时，防护应符合标准规定。井道内的导向滑轮、曳引轮和轿架上固定的反绳轮，应设置防护装置（保护罩和挡绳装置），以避免悬挂绳脱槽伤人和进入杂物。新版检规扩大了对旋转部件的防护范围，凡是位于机房（机器设备间）内、井道内、轿厢上的与钢丝绳、链条形成传动的曳引轮、滑轮、链轮、限速器和张紧轮，均应设置防护装置	

（1）简述测量钢丝绳直径的方法，并画出示意图进行说明。

（2）钢丝绳报废指标中，引用的主要有哪些标准?

（3）钢丝绳端部固定项目中，新版检规和旧版检规有哪些区别?

（4）电梯采用补偿绳后，是否需要装设电气安全装置？为什么?

（5）GB 7588—2003 中，对钢丝绳的卷绕有何规定?

（6）旋转部件的防护在新版检规和旧版检规中有什么区别?

三、电梯检验用具的选用（悬挂装置、补偿装置及旋转部件防护）

在下表中选出电梯悬挂装置、补偿装置及旋转部件防护监督检验需要的用具，并简要写出其作用。

电梯检验用具

类别	名称（使用到的打√）	作用
仪器仪表	□万用表	
	□验电笔	
	□温湿度计	
	□钳形电流表	
	□接地电阻测量仪	
	□绝缘电阻测量仪	
	□转速表	
	□声级计	
	□光照度计	
	□测力计	
	□超声波测距仪	
	□激光测距仪	
检验工具	□钢卷尺	
	□钢直尺	
	□直角尺	
	□游标卡尺	
	□气泡水平仪	
	□塞尺	

续表

类别	名称（使用到的打√）	作用
检验工具	□磁力线坠	
	□放大镜	
	□活扳手	
	□十字旋具	
	□一字旋具	
检验设备	□限速器测试设备	
	□钢丝绳探伤仪	
	□导轨垂直度测量仪	
	□振动加速度测量仪	
专用工具	□安全护栏	
	□三角钥匙	
	□电梯专用阻门器	
	□宽口游标卡尺	
防护用品	□安全帽	
	□安全鞋	
	□工作服	
	□劳保手套	
	□吊索（高空作业安全带）	
辅助用品	□对讲机	
	□手电筒	
	□照相机（或手机）	

四、宽口游标卡尺的使用方法

宽口游标卡尺是专门为测量钢丝绳直径而设计的，因为钢丝绳直径是按照外接圆的有效直径来测算的。认真阅读下表，回答下列问题。

宽口游标卡尺的使用方法

序号	图示	使用方法	说明
1		宽口游标卡尺为精密测量仪器。对于数字式，使用前需要给宽口游标卡尺装配纽扣电池	数字式宽口游标卡尺长期不用时，要取出纽扣电池
2	高 宽 规格 宽×高 0~150mm 20mm×30mm 0~150mm 30mm×40mm 0~200mm 30mm×40mm 0~300mm 35mm×47mm	数字式宽口游标卡尺在使用时应先按“ON/OFF”键	数字式宽口游标卡尺在使用前要检查仪表是否清零。如果未清零，应按“ZERO”键清零
3		测量钢丝绳前，应用宽口游标卡尺的宽口面均匀卡住被测钢丝绳	注意，宽口游标卡尺的宽口面要平行于被测钢丝绳
4	20.00mm 正确的方法 18.30mm 错误的方法	用宽口游标卡尺测量钢丝绳直径时，量爪要对齐钢丝绳的单股峰面	测量钢丝绳直径时，普通游标卡尺与宽口游标卡尺之间存在较大差异，使用时要特别注意

（1）宽口游标卡尺在电梯监督检验中主要用于测量哪些数值?

（2）简述宽口游标卡尺的使用步骤。

（3）在使用宽口游标卡尺的过程中有哪些注意事项？

学习活动3 实 施 检 验

学习目标

1. 能进行电梯悬挂装置、补偿装置及旋转部件防护监督检验条件确认与安全风险评估。

2. 能根据 TSG T7001—2009 中电梯悬挂装置、补偿装置及旋转部件防护监督检验项目、内容与要求，实施电梯悬挂装置、补偿装置及旋转部件防护监督检验。

3. 能判断检验项目是否合格，分析原因，并提出整改措施。

4. 能根据检验情况，完成《电梯悬挂装置、补偿装置及旋转部件防护监督检验报告单》。

建议学时 12 学时

学习过程

一、条件确认与安全风险评估

在进行悬挂装置、补偿装置及旋转部件防护监督检验工作之前，应确认实施条件是否具备，并正确评估检验现场的安全风险。

认真阅读《条件确认与安全风险评估表》，逐项进行确认。此表实行负面清单制，只进行扣分记录，当出现扣分项，暂停实操，进行整改。

条件确认与安全风险评估表

任务名称：________________　检验人员：________________　日期：　年　月　日

实施检验前条件项目	内容（任务准备不足、违反安全文明生产，酌情扣 10 ~ 100 分）	是否合格	违规记录	备注
一、职业素养	1．服从工作组长（教师）安排，遵守现场纪律，落实安全责任	□合格　□不合格		
	2．手机关机或振动，并存放于指定的位置	□合格　□不合格		
	3．认真理解并执行 6S 管理（安全、整理、整顿、清扫、清洁、素养）	□合格　□不合格		
二、安全防护	1．规范佩戴安全帽（符合国标 GB 2811—2019《头部防护　安全帽》）	□合格　□不合格		
	2．穿着工服，上衣无拉链（扣子式），穿长裤。严禁穿短裤，女生必须束发	□合格　□不合格		
	3．穿着安全鞋，严禁穿拖鞋	□合格　□不合格		
三、工具选择（选用打√）	□万用表　□钳形电流表　□接地电阻测量仪　□绝缘电阻测量仪　□加、减速度测量仪　□转速表 □限速器测试设备　□钢丝绳探伤仪　□导轨垂直度测量仪　□声级计　□游标卡尺　□气泡水平仪 □塞尺　□磁力线坠　□湿度计　□温度计　□放大镜　□测力计 □活扳手　□验电笔　□对讲机　□手电筒　□十字旋具　□一字旋具	□照相机　□直角尺　□钢直尺　□钢卷尺　□阻门器　□三角钥匙 □护栏　□超声波测距仪　□激光测距仪　□其他：________		
四、安全风险评估（认识检验过程中可能发生的安全风险）	□人员坠落井道　□工具坠落井道　□剪切　□碰撞　□旋转设备的伤害　□触电 □其他：________			

二、检验实施

根据 TSG T7001—2009 的相关要求，实施电梯悬挂装置、补偿装置及旋转部件防护监督检验。

电梯悬挂装置、补偿装置及旋转部件防护监督检验实施表

工作内容	检验内容与要求	检验方法	检验过程与结果	配分（分）	得分
5.1 悬挂装置、补偿装置的磨损、断丝、变形等情况 C	出现下列情况之一时，悬挂钢丝绳和补偿钢丝绳应当报废： （1）出现笼状畸变、绳股挤出、扭结、部分压扁、弯折 （2）一个捻距内出现的断丝数量大于检规中规定的断丝数量时 （3）钢丝绳直径小于其公称直径的 90% （4）钢丝绳严重锈蚀，铁锈填满绳股间隙 采用其他类型悬挂装置的，悬挂装置的磨损、变形等不得超过制造单位设定的报废指标	（1）用钢丝绳探伤仪或者放大镜全长检测或分段抽测；测量并判断钢丝绳直径的变化情况。测量时，以相距至少 1 m 的两点进行，在每点相互垂直的方向上测量两次，四次测量值的平均值即为钢丝绳的实测直径 （2）采用其他类型悬挂装置的，按照制造单位提供的方法进行检验	（1）用钢丝绳探伤仪对钢丝绳进行分段抽测 （2）用宽口游标卡尺定量测量钢丝绳直径，以相距至少 1 m 的两点进行，在每点相互垂直的方向上测量两次 抽测点 *A* 钢丝绳直径 1：________；抽测点 *A* 钢丝绳直径 2：________ 抽测点 *B* 钢丝绳直径 1：______；抽测点 *B* 钢丝绳直径 2：________ ★**检验结论**：□合格　□不合格	20	

续表

工作内容	检验内容与要求	检验方法	检验过程与结果	配分（分）	得分
5.2　端部固定C	悬挂钢丝绳绳端固定应当可靠，弹簧、螺母、开口销等连接部件无缺损 对于强制驱动电梯，应当采用带楔块的压紧装置，或者至少用 3 个压板将钢丝绳固定在卷筒上 采用其他类型悬挂装置的，其端部固定应当符合制造单位的规定	目测，或者按照制造单位的规定进行检验	在机房内目测钢丝绳端部的固定情况，观察弹簧、螺母、开口销等连接部件有无缺损，现场拍照（录像）进行记录 ★**检验结论：**□合格　□不合格	15	
5.3　补偿装置C	（1）补偿绳（链）端固定应当可靠 （2）应当使用电气安全装置来检查补偿绳的最小张紧位置 （3）当电梯的额定速度大于 3.5 m/s 时，还应当设置补偿绳防跳装置，该装置动作时应当有一个电气安全装置使电梯驱动主机停止运转	（1）目测补偿绳（链）端固定情况 （2）模拟断绳或者绳跳出时的状态，观察电气安全装置动作和电梯运行情况	在底坑将轿厢移动到合适的位置，目测补偿装置的结构和组成，检查补偿装置端头固定是否牢固（□是　□否） ★**检验结论：**□合格　□不合格	15	
5.4　钢丝绳的卷绕C	对于强制驱动电梯，钢丝绳的卷绕应当符合以下要求： （1）轿厢完全压缩缓冲器时，卷筒的绳槽中应当至少保留两圈钢丝绳 （2）卷筒上只能卷绕一层钢丝绳 （3）应当有措施防止钢丝绳滑脱和跳出	目测	★**检验结论：**□合格　□不合格 □无此项	15	

续表

工作内容	检验内容与要求	检验方法	检验过程与结果	配分（分）	得分
5.5 松绳（链）保护 B	如果轿厢悬挂在两根钢丝绳或者链条上，则应当设置检查绳（链）松弛的电气安全装置，当其中一根钢丝绳（链条）发生异常相对伸长时，电梯应当停止运行	轿厢以检修速度运行，使松绳（链）电气安全装置动作，观察电梯运行情况	★**检验结论：**□合格 □不合格	15	
5.6 旋转部件的防护 C	在机房（机器设备间）内的曳引轮、滑轮、链轮、限速器，在井道内的曳引轮、滑轮、链轮、限速器及张紧轮、补偿绳张紧轮，在轿厢上的滑轮、链轮等与钢丝绳、链条形成传动的旋转部件，均应当设置防护装置，以避免人身伤害、钢丝绳或链条因松弛而脱离绳槽或者链轮、异物进入绳与绳槽或链与链轮之间 对于允许按照《电梯制造与安装安全规范》（GB 7588—1995）及更早期标准生产的电梯，可以按照以下要求检验： （1）采用悬臂式曳引轮或者链轮时，有防止钢丝绳脱离绳槽或者链条脱离链轮的装置，并且当驱动主机不装设在井道上部时，有防止异物进入绳与绳槽之间或链条与链轮之间的装置 （2）井道内的导向滑轮、曳引轮和轿架上固定的反绳轮、补偿绳张紧轮，有防止钢丝绳脱离绳槽和进入异物的防护装置	目测	（1）在机房内检查曳引轮、导向滑轮、限速器轮防护装置的设置情况，现场拍照（录像）进行记录 曳引轮防护装置：________ 导向滑轮防护装置：________ 限速器轮防护装置：________ （2）在轿顶检查钢丝绳滑轮防护装置的设置情况，现场拍照（录像）进行记录 钢丝绳滑轮防护装置：________ （3）在轿顶将轿厢移动到合适的位置，检查对重侧滑轮防护装置的设置情况，现场拍照（录像）进行记录 对重侧滑轮防护装置：________ （4）在底坑检查限速器张紧装置其防护装置的设置情况，现场拍照（录像）进行记录 限速器张紧装置的防护装置：________ ★**检验结论：**□合格 □不合格	20	
合计：　　分					

三、填写《电梯悬挂装置、补偿装置及旋转部件防护监督检验报告单》

根据任务实施情况，完成《电梯悬挂装置、补偿装置及旋转部件防护监督检验报告单》。检验结论使用“合格”“不合格”“无此项”等规范用语。

电梯悬挂装置、补偿装置及旋转部件防护监督检验报告单

<table>
<tr><th>序号</th><th>检验类别</th><th colspan="3">检验项目及其内容</th><th>检验结论</th><th>备注</th></tr>
<tr><td>1</td><td>C</td><td rowspan="10">5　悬挂装置、补偿装置及旋转部件防护</td><td colspan="2">5.1　悬挂装置、补偿装置的磨损、断丝、变形等情况</td><td></td><td></td></tr>
<tr><td>2</td><td>C</td><td colspan="2">5.2　端部固定</td><td></td><td></td></tr>
<tr><td rowspan="3">3</td><td rowspan="3">C</td><td rowspan="3">5.3　补偿装置</td><td>绳（链）端固定</td><td></td><td></td></tr>
<tr><td>电气安全装置</td><td></td><td></td></tr>
<tr><td>补偿绳防跳装置</td><td></td><td></td></tr>
<tr><td rowspan="3">4</td><td rowspan="3">C</td><td rowspan="3">5.4　钢丝绳的卷绕</td><td>钢丝绳余留圈数</td><td></td><td></td></tr>
<tr><td>钢丝绳卷绕层数</td><td></td><td></td></tr>
<tr><td>防止钢丝绳滑脱和跳出的措施</td><td></td><td></td></tr>
<tr><td>5</td><td>B</td><td colspan="2">5.5　松绳（链）保护</td><td></td><td></td></tr>
<tr><td>6</td><td>C</td><td colspan="2">5.6　旋转部件的防护</td><td></td><td></td></tr>
</table>

学习活动4　工作总结与评价

学习目标

1. 能按分组情况，派代表展示工作成果，说明本次任务的完成情况，并做分析总结。

2. 能结合任务完成情况，正确规范地撰写工作总结。

3. 能就本次任务中出现的问题提出改进措施。

4. 能对学习与工作进行反思总结，并能与他人开展良好合作，进行有效沟通。

建议学时　2学时

学习过程

一、个人、小组评价

以小组为单位，选择演示文稿、展板、海报、视频等形式中的一种或几种，向全班展示、汇报工作成果。在展示的过程中，以小组为单位进行评价；评价完成后，根据其他小组对本组展示成果的评价意见进行归纳总结。

汇报思路设计：

其他小组的评价意见：

二、教师评价

认真听取教师对本小组展示成果优缺点以及在完成任务过程中出现的亮点和不足的评价意见，并做好记录。

1．教师对本小组展示成果优点的点评。

2．教师对本小组展示成果缺点及改进方法的点评。

3．教师对本小组在整个任务完成过程中出现的亮点和不足的点评。

三、工作过程回顾及总结

1．在团队学习过程中，项目负责人给你分配了哪些工作任务？你是如何完成的？还有哪些需要改进的地方？

2．总结完成电梯悬挂装置、补偿装置及旋转部件防护监督检验任务过程中遇到的问题和困难，列举 2 ~ 3 点你认为比较值得和其他同学分享的工作经验。

3．回顾本学习任务的工作过程，对新学专业知识和技能进行归纳和整理，撰写工作总结。

评价与分析

按照客观、公正和公平原则，在教师的指导下按自我评价、小组评价和教师评价三种方式对自己或他人在本学习任务中的表现进行综合评价。综合等级按：A（90 ~ 100）、B（75 ~ 89）、C（60 ~ 74）、D（0 ~ 59）四个级别进行填写。

学习任务综合评价表

考核项目	评价内容	配分（分）	评价分数		
			自我评价	小组评价	教师评价
职业素养	劳动保护用品穿戴完备，仪容仪表符合工作要求	5			
	安全意识、责任意识、服从意识强	6			
	积极参加教学活动，按时完成各项学习任务	6			
	团队合作意识强，善于与人交流和沟通	6			
	自觉遵守劳动纪律，尊敬师长，团结同学	6			
	爱护公物，节约材料，管理现场符合 6S 标准	6			
专业能力	专业知识扎实，有较强的自学能力	10			
	操作积极，训练刻苦，具有一定的动手能力	15			
	技能操作规范，注重检验工艺，工作效率高	10			
工作成果	电梯悬挂装置、补偿装置及旋转部件防护监督检验符合规范要求	20			
	工作总结符合要求	10			
总分		100			
总评	自我评价 ×20%+ 小组评价 ×20%+ 教师评价 ×60%=	综合等级	教师（签名）：		

评价与分析

学习任务六　电梯轿门与层门监督检验

学习目标

1. 能查阅相关标准和行业规范，正确填写《电梯轿门与层门监督检验工作任务单》。

2. 能根据《电梯轿门与层门监督检验工作任务单》，制订检验实施计划。

3. 能正确使用数字式推拉力计等检验工具，正确穿戴安全防护用品，严格执行安全技术标准和6S管理规定。

4. 能协同小组成员完成电梯轿门与层门监督检验工作。

5. 能对电梯轿门与层门监督检验各分项目做出是否合格的判断，并对检验不合格的项目给出正确的处理意见。

6. 能主动获取有效信息，展示工作成果，对学习与工作进行总结反思，并能与他人开展良好合作，进行有效沟通。

建议学时

20学时

工作情景描述

某楼盘有一台产品编号为E/3003的曳引式电梯，近期刚完成安装和调试。电梯安装公司为了在合同约定日期内将电梯交付使用单位，拟安排工程部根据《电梯监督检验和定期检验规则——曳引与强制驱动电梯》（TSG T7001—2009）、《电梯制造与安装安全规范》（GB 7588—2003）等技术标准文件，对电梯进行轿门与层门监督检验自检，两天完成。

工作流程与活动

学习活动 1　明确检验任务（2 学时）

学习活动 2　检验前的准备（4 学时）

学习活动 3　实施检验（12 学时）

学习活动 4　工作总结与评价（2 学时）

学习活动1　明确检验任务

学习目标

1. 能正确填写《电梯轿门与层门监督检验工作任务单》，明确完成任务的相关要素。

2. 能正确阅读《电梯轿门与层门监督检验项目、内容及要求》，明确任务包含的检验项目、检验内容及要求。

3. 能根据任务要求正确填写《工作联系单》。

4. 能进行电梯轿门与层门监督检验安全技术交底。

建议学时　2学时

学习过程

一、明确工作任务

1．查阅受检电梯档案资料和技术规范文件，完成《电梯轿门与层门监督检验工作任务单》的填写。

电梯轿门与层门监督检验工作任务单

开始日期	年　月　日	任务单号	
任务描述	某楼盘有一台产品编号为E/3003的曳引式电梯，近期刚完成安装和调试。电梯安装公司为了在合同约定日期内将电梯交付使用单位，拟安排工程部根据《电梯监督检验和定期检验规则——曳引与强制驱动电梯》（TSG T7001—2009）、《电梯制造与安装安全规范》（GB 7588—2003）等技术标准文件，对电梯进行轿门与层门监督检验自检，两天完成		
设备品种		型号	
制造单位名称			

续表

<table>
<tr><td colspan="2">产品编号</td><td></td><td>制造日期</td><td></td></tr>
<tr><td colspan="2">施工单位名称</td><td colspan="3"></td></tr>
<tr><td colspan="2">施工单位许可证明文件编号</td><td></td><td>施工类别</td><td>（安装、改造、重大修理）</td></tr>
<tr><td colspan="2">安装地点</td><td></td><td>使用登记证编号</td><td></td></tr>
<tr><td colspan="2">使用单位名称</td><td colspan="3"></td></tr>
<tr><td colspan="2">维护保养单位名称</td><td colspan="3"></td></tr>
<tr><td rowspan="2">设备技术参数</td><td>额定载重</td><td>______kg</td><td>额定速度</td><td>______m/s</td></tr>
<tr><td>层站门数</td><td>___层站门</td><td>控制方式</td><td>______</td></tr>
<tr><td>检验依据</td><td colspan="4">《电梯监督检验和定期检验规则——曳引与强制驱动电梯》（TSG T7001—2009，含第 1 号、第 2 号修改单）</td></tr>
<tr><td>主要检验工具、仪器仪表及设备</td><td colspan="4"></td></tr>
</table>

2．仔细阅读《电梯轿门与层门监督检验项目、内容及要求》，查阅电梯检规及电梯标准文件，填空并回答问题。

电梯轿门与层门监督检验项目、内容及要求

<table>
<tr><th colspan="3">检验项目及内容</th><th>检验要求</th></tr>
<tr><td rowspan="4">6 轿门与层门</td><td colspan="2">6.1 门地坎距离 C</td><td>轿厢地坎与层门地坎的水平距离不得大于____mm</td></tr>
<tr><td colspan="2">6.2 门标识 C</td><td>层门和玻璃轿门上设有标识，标明制造单位名称、型号，并且其内容与__________________内容相符</td></tr>
<tr><td rowspan="2">6.3 门间隙 C</td><td>门扇间隙</td><td>门关闭后，门扇之间及门扇与立柱、门楣和地坎之间的间隙，对于乘客电梯不大于____mm；对于载货电梯不大于____mm，使用过程中由于磨损，允许达到____mm</td></tr>
<tr><td>人力施加在最不利点时的间隙</td><td>门关闭后，在水平移动门和折叠门主动门扇的开启方向，以____N 的人力施加在一个____________，前条所述的间隙允许增大，但对于旁开门不大于____mm，对于中分门其总和不大于____mm</td></tr>
</table>

续表

<table>
<tr><th colspan="3">检验项目及内容</th><th>检验要求</th></tr>
<tr><td rowspan="9">6　轿门与层门</td><td colspan="2">6.4　玻璃门防拖曳措施 C</td><td>层门和轿门采用玻璃门时，应当有防止__________被______的措施</td></tr>
<tr><td colspan="2">6.5　防止门夹人的保护装置 B</td><td>动力驱动的自动水平滑动门应当设置____________的保护装置。当人员通过层门入口被正在关闭的门扇撞击或者即将被撞击时，该装置应当自动使门__________</td></tr>
<tr><td colspan="2">6.6　门的运行和导向 B</td><td>层门和轿门正常运行时不得出现________、机械卡阻或者在行程终端时错位；由于磨损、锈蚀或者火灾造成层门导向装置失效时，应当设置______________，使层门保持在原有位置</td></tr>
<tr><td colspan="2">6.7　自动关闭层门装置 B</td><td>在轿门驱动层门的情况下，当轿厢在开锁区域之外时，如果层门开启（无论何种原因），应当有一种装置能够确保该层门________。________装置采用重块时，应当有防止重块坠落的措施</td></tr>
<tr><td colspan="2">6.8　紧急开锁装置 B</td><td>每个层门均应当能够被一把符合要求的________从外面开启；紧急开锁后，在层门闭合时门锁装置不应当__________</td></tr>
<tr><td rowspan="2">6.9　门的锁紧 B</td><td>层门门锁装置</td><td>每个层门都应当设有符合下述要求的门锁装置：
（1）门锁装置上设有铭牌，标明__________、型号和型式试验机构的名称或者标志，铭牌内容和型式试验证书内容相符
（2）锁紧动作由______、永久磁铁或者弹簧来产生和保持，即使永久磁铁或者弹簧失效，重力也不能导致________
（3）轿厢在锁紧元件啮合不小于____mm 时才能启动
（4）门的锁紧由一个__________装置来验证，该装置由锁紧元件强制操作而没有任何中间机构，并且能够防止__________</td></tr>
<tr><td>轿门门锁装置</td><td>如果轿门采用了门锁装置，该装置应当符合层门门锁装置的要求</td></tr>
<tr><td rowspan="2">6.10　门的闭合 B</td><td>机电联锁</td><td>正常运行时应当不能打开________，除非轿厢在该层门的__________内停止或者停站；如果一个层门或者轿门（或者多扇门中的任何一扇门）开着，在正常操作情况下，应当________电梯或者不能保持继续运行</td></tr>
<tr><td>电气安全装置</td><td>每个层门和轿门的闭合都应当由__________来验证，如果滑动门是由数个间接机械连接的门扇组成的，则未被锁住的门扇上也应当设置电气安全装置，以验证其__________</td></tr>
</table>

续表

<table>
<tr><th colspan="3">检验项目及内容</th><th>检验要求</th></tr>
<tr><td rowspan="3">6 轿门与层门</td><td rowspan="2">6.11 轿门开门限制装置及轿门的开启 B</td><td>轿门开门限制装置</td><td>应当设置轿门开门________装置，当轿厢停在开锁区域外时，能够防止________的人员打开轿门离开轿厢</td></tr>
<tr><td>轿门的开启</td><td>在轿厢意外移动保护装置允许的最大__________范围内，打开对应的层门后，能够不用工具（三角钥匙或者永久性设置在现场的工具除外）从层站处__________</td></tr>
<tr><td colspan="2">6.12 门刀、门锁滚轮与地坎间隙 C</td><td>轿门门刀与层门地坎、层门锁滚轮与轿厢地坎的间隙应当不小于____mm，电梯运行时不得互相碰擦</td></tr>
</table>

（1）对于轿厢地坎与层门地坎的水平距离，一般企业执行的标准是什么?

（2）“门楣”是指哪一部分?

（3）“最不利的点”在门扇的什么位置？以中分门为例，通过画图示意。

（4）客梯门间隙和货梯门间隙有什么不同?

（5）玻璃门防止儿童的手被拖曳的措施有哪些?

（6）防止门夹人的保护装置有哪些类型?

（7）查阅相关资料，简述电梯安全触板电路的工作原理。

（8）查阅相关资料，简述电梯光幕电路的工作原理。

（9）简述中分式层门系统的结构组成。

（10）简述自动关闭层门装置的必要性和依据。

3．阅读并填写《工作联系单》。

工作联系单　　编号：

工程名称	电梯轿门与层门监督检验	日期	
接收单位		抄送单位	
主题			
联系情况记录：			
接收单位		发出单位	
工程负责人		技术负责人	

二、安全技术交底

阅读《电梯轿门与层门监督检验安全技术交底》，进一步明确电梯轿门与层门监督检验安全技术交底的内容，了解可能存在的风险，避免发生安全事故。

电梯轿门与层门监督检验安全技术交底

工程名称			
施工内容			
安全技术交底内容			
1．检验人员应当正确着装，佩戴安全帽，穿防护鞋，扣紧领口、袖口，女员工束紧长发，摘除身上佩戴的首饰等物品 2．检验人员应当在使用单位电梯管理人员的配合下实施检验；学校组织课堂教学时每组检验学员同时进入实物电梯的人数不超过 4 人，同时进入模拟轿门与门机的人数不超过 8 人 3．检验前，应当将标明正在检验的标示牌和围栏放置于电梯井道入口处，确认轿厢内无人 4．轿门与层门检验事故预防：防止检验工具从轿门和层门开口处坠落；防止检验人员的剪切事故			
交底人		交底日期	
接受人		接受日期	

（1）进行轿门与层门检验前应做好哪些防护措施，以保护检验人员的安全？

（2）进行轿门与层门电气检验前应主要注意哪些问题?

（3）轿门与层门检验有哪些常见的事故? 举例说明。

学习活动2　检验前的准备

学习目标

1. 能合理制订检验实施计划，包含实施流程计划、时间计划、组织计划等。

2. 掌握电梯轿门与层门监督检验的主要技术要点。

3. 能正确选用电梯轿门与层门监督检验所需工具、仪器仪表及检验设备。

4. 掌握数字式推拉力计的使用方法。

5. 能正确穿戴个人安全防护用品，明确施工现场6S管理规定。

建议学时　4学时

学习过程

一、制订检验实施计划

阅读《电梯轿门与层门监督检验实施计划》，将其补充完整。

电梯轿门与层门监督检验实施计划

主题	分计划内容		备注
制订电梯轿门与层门监督检验实施计划	实施流程计划	按照《电梯轿门与层门监督检验项目、内容及要求》中的顺序实施	
	时间计划	电梯轿门与层门监督检验任务实施 开始时间： 结束时间： 用时计划：	

续表

主题	分计划内容		备注
制订电梯轿门与层门监督检验实施计划	组织计划	任务实施小组组内分工 现场检测： 数据记录： 现场拍照、录像： 检验结果分析、归纳、评价与判断：	

二、电梯轿门与层门监督检验技术要点与标准分析

阅读《电梯轿门与层门监督检验技术要点与标准分析》，回答下列问题。

电梯轿门与层门监督检验技术要点与标准分析

检验项目及内容			技术要点与标准分析	备注
6　轿门与层门	6.1　门地坎距离 C		GB 7588—2003 规定，轿厢地坎与层门地坎的水平距离不得大于 35 mm，主要是为了防止乘客（特别是女乘客和能走路的儿童）的脚卡入、扭伤，并便于利用工具装载货物。企业标准为 30 mm	
	6.2　门标识 C		此项是检规 2 号修改单新增的内容。要求层门和玻璃轿门上设有标识，标明制造单位名称、型号，并且其内容与型式试验证书内容相符	
	6.3　门间隙 C	门扇间隙	02 版检规与新版检规对门扇间隙的要求有所不同。02 版检规规定，层门、轿门的门扇之间，门扇与门套之间，门扇与地坎之间的间隙，乘客电梯不大于 6 mm，载货电梯不大于 8 mm	
		人力施加在最不利点时的间隙	“最不利的点”在门扇的底部上方 10 cm 处。在水平滑动门开启方向以 150 N 的力施加在最不利的点上时，旁开门间隙不大于 30 mm，中分门间隙总和不大于 45 mm	
	6.4　玻璃门防拖曳措施 C		相关标准中已经有了此方面的要求，检规 2 号修改单新增检测内容。对玻璃门的规定，参考 GB 7588—2003 中 8.6.7.2 ~ 8.6.7.5	
	6.5　防止门夹人的保护装置 B		动力驱动的自动水平滑动门，其关闭不需要使用人员的强制性动作（如不需要连续地揿压按钮）。防止门夹人的保护装置有机械式门安全触板、光电式门保护装置、电子近门检验器等。此装置大多装设在轿门上	

续表

<table>
<tr><th colspan="2">检验项目及内容</th><th>技术要点与标准分析</th><th>备注</th></tr>
<tr><td rowspan="2">6 轿门与层门</td><td>6.5 防止门夹人的保护装置 B</td><td>需要注意的是，任何一扇门板碰到（或快碰到）人时，保护装置都应当自动重开门，仅一个门扇边缘使保护装置工作而重开门是不符合要求的
GB 7588—2003 规定，当乘客在层门关闭过程中通过入口时被门扇撞击或即将被撞击，保护装置应自动地使门重新开启。这种保护装置也可以是轿门的保护装置，其作用可以在每个主动门扇最后 50 mm 的行程中被消除</td><td></td></tr>
<tr><td>6.6 门的运行和导向 B</td><td>与 02 版检规相比，新版检规增加了“由于磨损、锈蚀或者火灾造成层门导向装置失效时，应当设置应急导向装置，使层门保持在原有位置”这一要求
层门导向装置通常是可更换的易损件。造成层门导向装置失效的原因有导向装置过度磨损；导向装置的金属件（包括连接件）没有采用适当的防锈措施而发生锈蚀；导向装置采用的非金属件（如滚轮的工程塑料外缘、门靴的非金属外包层、尼龙导向件等）在火灾高温环境下发生变形或熔化。由于磨损、锈蚀或火灾的原因使层门导向装置部分或全部失效后，层门门扇可能会部分或全部脱出其导向部分，导致无层门门扇遮掩或门扇虚掩的层门洞口存在坠落的风险。因此，要求设有应急导向装置，使层门在上述情况下保持在原有位置。若层门导向装置（包括导向装置与门扇的连接部分）在磨损、锈蚀或火灾原因情况下，其骨架件（通常为金属件）仍能承受相关标准规定的水平力且保证层门门扇不脱出导向部分，则可不另设应急导向装置 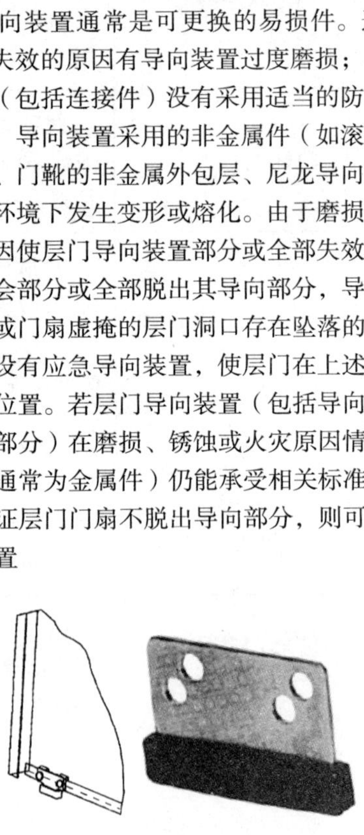

门下端的导向装置</td><td></td></tr>
</table>

续表

<table>
<tr><th colspan="3">检验项目及内容</th><th>技术要点与标准分析</th><th>备注</th></tr>
<tr><td rowspan="4">6　轿门与层门</td><td colspan="2">6.7　自动关闭层门装置 B</td><td>新版检规规定，可以采用抽样的方法进行检验 
a)　b)
自动关闭层门装置
a）连杆连接　b）钢丝绳连接</td><td></td></tr>
<tr><td colspan="2">6.8　紧急开锁装置 B</td><td>参见 GB 7588—2003 中 7.7.3.2 紧急开锁</td><td></td></tr>
<tr><td rowspan="2">6.9　门的锁紧 B</td><td>层门门锁装置</td><td rowspan="2">机械锁紧元件（如通常所说的锁钩）至少要啮合达 7 mm，才能使验证门锁闭状态的电气安全装置接通，即保证轿厢运动之前将层门有效地锁紧在闭合位置。新版检规规定，可以目测锁紧元件的啮合情况，认为啮合长度可能不足时，测量锁紧元件的啮合长度
“应由锁紧元件强制操作而没有任何中间机构”是指应当由锁紧元件直接使电气安全装置的触点通断，而不能通过锁紧元件驱动另一个中间机构，再由该中间机构来使电气安全装置的触点通断
GB 7588—2003 规定，如果轿门需要上锁，该门锁装置的设计和操作应采用与层门门锁装置类似的结构。门锁装置是安全部件，应按 GB 7588—2003 中附录部分 F1 项的要求验证 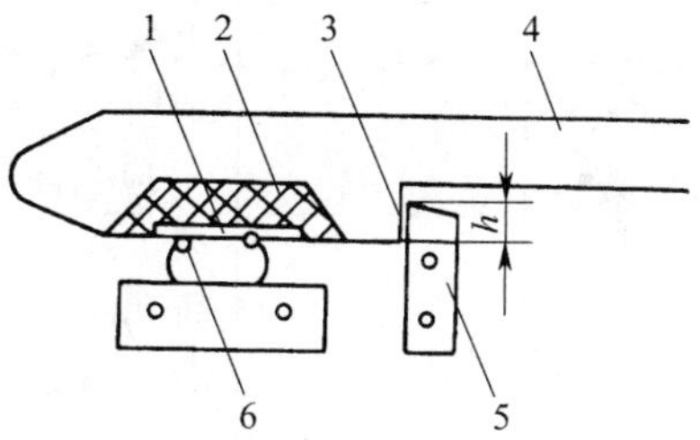
1　2　3　4　h　6　5
门锁锁紧元件啮合示意图
1—动触点　2—绝缘体　3—锁钩　4—锁臂　5—限位挡块
6—静触点　h—啮合长度</td><td rowspan="2"></td></tr>
<tr><td>轿门门锁装置</td></tr>
</table>

续表

<table>
<tr><th colspan="3">检验项目及内容</th><th>技术要点与标准分析</th><th>备注</th></tr>
<tr><td rowspan="2">6 轿门与层门</td><td rowspan="2">6.10 门的闭合 B</td><td>机电联锁</td><td rowspan="2">目的：防坠落、防剪切
“副门关闭”可抽检：轿门＋基层门＋端层门＋20% 其他层门
通过钢丝绳间接联动的层门，需要有副门关闭的门锁验证。与轿门通过铰接联动的水平滑动层门，其验证锁紧和闭合的电气安全装置可以合二为一
“正常运行时应当不能打开层门和轿门，除非轿厢在该层门的开锁区域内停止或者停站”，这一规定构成了对坠落危险的保护。开锁区域不应大于层站地平面上下 0.2 m，在用机械方式驱动轿门和层门同时动作的情况下，开锁区域可以增加到不大于层站地平面上下 0.35 m。正常运行时，只有轿厢在开锁区域内停止或停站，层门才能打开，这样就不会发生坠落
“如果一个层门或者轿门（或者多扇门中的任何一扇门）开着，在正常操作的情况下，应当不能启动电梯或者不能保持继续运行”，这一规定构成了对剪切的保护。如果不满足此要求，层门或轿门开着而电梯仍能启动或保持继续运行，可能产生剪切门附近人员的事故。GB 7588—2003 规定，每个层门和轿门都应设有符合要求的电气安全装置，以验证它们的闭合位置，从而防止发生剪切事故。直接机械连接是指用杠杆、连杆等机械部件直接连接门扇，间接机械连接是指用钢丝绳、传动带或传动链等连接门扇，直接机械连接比间接机械连接更安全、可靠。间接机械连接的门扇中，一般将带门锁装置的那个门扇称为主动门（或主门），其他的门扇称为被动门（或副门）。间接机械连接的门扇中，未被锁住的门扇应当装设验证其开闭的电气安全装置。如果间接机械连接失效，则电气安全装置动作，电梯不能运行，可防止坠落或剪切
应当注意，“钩联”（快门和慢门在关闭位置时钩联）是可以归为直接机械连接的，但直接机械连接装置和间接机械连接装置均应看作是门锁装置的组成部分，因此，GB 7588—2003 附录中的静态试验和动态试验也适用于门的这些连接件。这就要求钩联处也要能承受沿开门方向大小为 1 000 N 的静态力，以及沿开门方向的冲击（相当于一个 4 kg 的刚性体从 0.5 m 的高度自由落体所产生的效果）</td><td rowspan="2"></td></tr>
<tr><td>电气安全装置</td></tr>
</table>

续表

<table>
<tr><th colspan="3">检验项目及内容</th><th>技术要点与标准分析</th><th>备注</th></tr>
<tr><td rowspan="3">6　轿门与层门</td><td rowspan="2">6.11　轿门开门限制装置及轿门的开启 B</td><td>轿门开门限制装置</td><td rowspan="2">此项为检规 2 号修改单新增内容</td><td rowspan="2"></td></tr>
<tr><td>轿门的开启</td></tr>
<tr><td colspan="2">6.12　门刀、门锁滚轮与地坎间隙 C</td><td>与 02 版检规相比，新版检规增加了电梯运行时轿门门刀与层门地坎、层门锁滚轮与轿厢地坎不得互相碰擦的要求 
轿门门刀与层门地坎的间隙 
层门锁滚轮与轿厢地坎的间隙
轿厢地坎与层门地坎的水平距离不得大于 35 mm</td><td></td></tr>
</table>

（1）简述自动关闭层门装置的主要结构特点。

（2）电梯在正常运行中，如果层门锁突然被打开，会发生什么情况？

（3）轿厢应当在层门锁紧元件啮合不小于 7 mm 时才能启动，这样规定的依据是什么？有什么实际意义？

（4）简述开锁区域的定义及开锁区域的计算方法。

（5）常见的中分门中，电气验证开关应如何设置？

（6）什么是间接机械连接？什么是直接机械连接？

（7）实训电梯的中分门为什么要装设副门锁？依据是什么？

（8）层门锁滚轮与轿厢地坎的间隙是如何规定的？生产企业常用值的区间是多少？

三、电梯检验用具的选用（轿门与层门）

在下表中选出电梯轿门与层门监督检验需要的用具，并简要写出其作用。

电梯检验用具

类别	名称（使用到的打√）	作用
仪器仪表	□万用表	
	□验电笔	
	□温湿度计	
	□钳形电流表	
	□接地电阻测量仪	
	□绝缘电阻测量仪	
	□转速表	
	□声级计	
	□光照度计	
	□测力计	
	□超声波测距仪	
	□激光测距仪	

续表

类别	名称（使用到的打√）	作用
检验工具	□钢卷尺	
	□钢直尺	
	□直角尺	
	□游标卡尺	
	□气泡水平仪	
	□塞尺	
	□磁力线坠	
	□放大镜	
	□活扳手	
	□十字旋具	
	□一字旋具	
检验设备	□限速器测试设备	
	□钢丝绳探伤仪	
	□导轨垂直度测量仪	
	□振动加速度测量仪	
专用工具	□安全护栏	
	□三角钥匙	
	□电梯专用阻门器	
	□宽口游标卡尺	
防护用品	□安全帽	
	□安全鞋	
	□工作服	
	□劳保手套	
	□吊索（高空作业安全带）	
辅助用品	□对讲机	
	□手电筒	
	□照相机（或手机）	

四、数字式推拉力计的使用方法

数字式推拉力计是小型简便的推力、拉力测试仪器，具有高精度、易操作及携带方便等优点。数字式推拉力计有一个峰值切换操作旋钮，可用于荷重峰值指示及连续荷重值指示，适用于推拉负荷测试。在电梯监督检验中，数字式推拉力计主要用于层门间隙最不利点推拉力的测量。

认真阅读下表，回答下列问题。

数字式推拉力计的使用方法

序号	图示	使用方法	说明
1	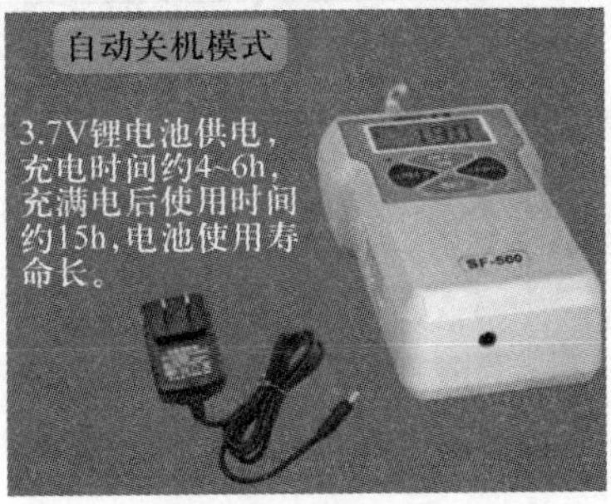	该数字式推拉力计内带有可充电电池，使用前应检查其电量是否充足	不要在充电时使用数字式推拉力计，以免造成仪器测量精度不准确
2	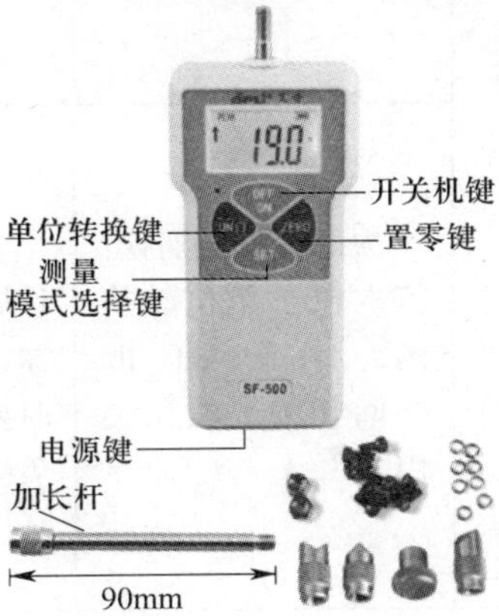	按下开关机键，打开数字式推拉力计。在电梯检测中，应根据实际情况选择合适的零配件，并注意妥善保管零配件，以免丢失	不宜使用超过最大允许负荷的扭力，以免损坏数字式推拉力计
3	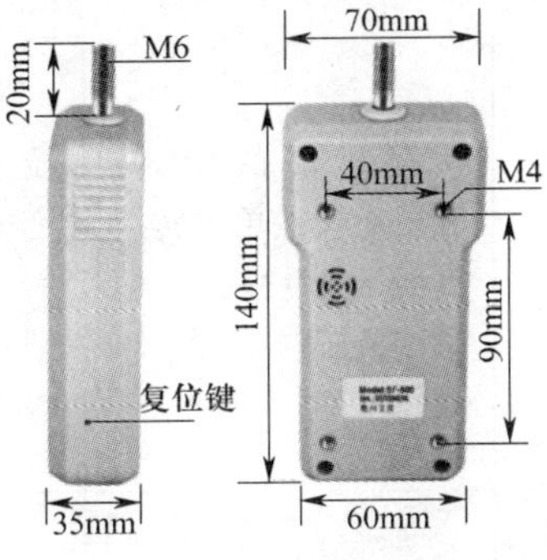	数字式推拉力计的复位键在机身侧面。需要配合推拉力架使用时，注意背面固定螺孔的尺寸，横向间距：40 mm，竖向间距：90 mm	不能打开背面的盖子去校验各种元件

续表

序号	图示	使用方法	说明
4	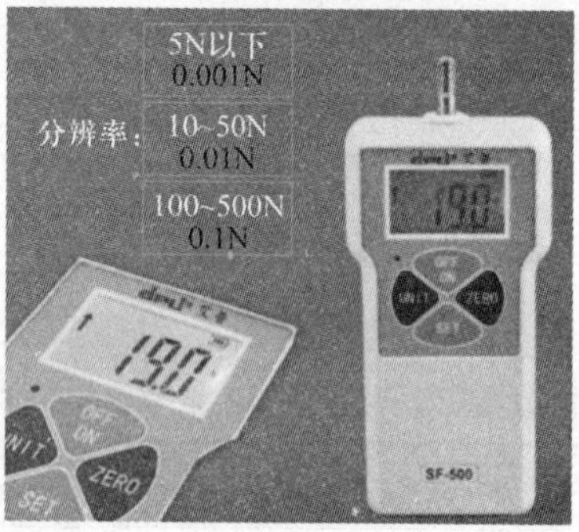	数字式推拉力计分辨率的设置如左图所示	不要松开固定测试头的螺钉，这会降低数字式推拉力计的分辨率
5	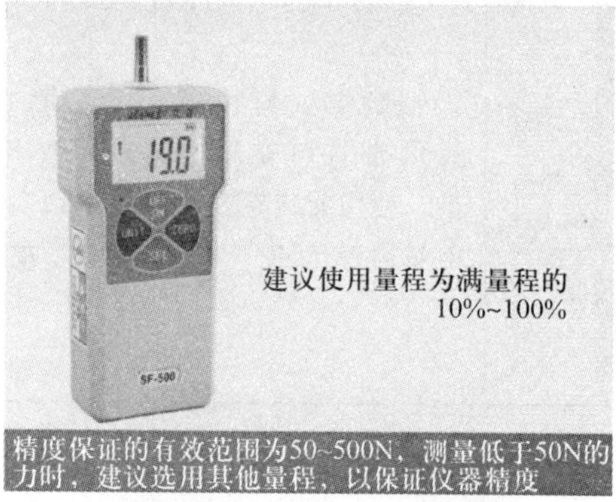	数字式推拉力计的测量误差为 ±0.5%	不可以敲击或在显示板上放置重物
6	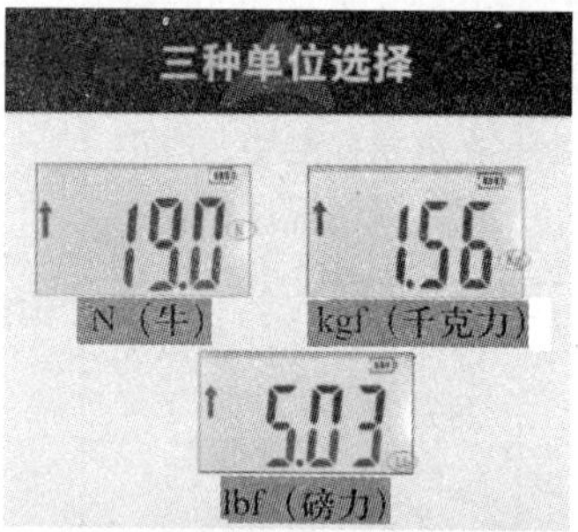	力的单位的切换：依次按下单位转换键，在N、kgf、lbf之间切换。默认使用N	数字式推拉力计属于精密测量仪器，易损坏，使用时要轻拿轻放，避免磕碰
7	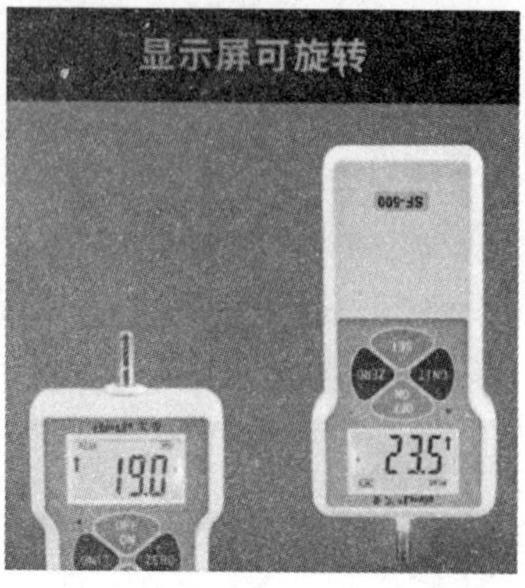	显示屏的旋转：开机后长按单位转换键约5 s后松开，即可切换旋转	不可把数字式推拉力计存放于高湿度或非常寒冷的场所（易使仪器内部结水珠，使其功能退化）

续表

序号	图示	使用方法	说明
8		峰值保持模式：开机后按测量模式选择键，可以切换峰值保持和取消峰值保持功能	—
9		测量时注意力的方向要与数字式推拉力计的轴线方向一致，不可出现偏斜	使用完毕，要整理并收纳好测量器材，电量不足时要及时充电

（1）数字式推拉力计在电梯监督检验中主要用于测量哪些量？

（2）简述数字式推拉力计的使用步骤。

（3）在使用数字式推拉力计的过程中有哪些注意事项？

学习活动3 实 施 检 验

学习目标

1. 能进行电梯轿门与层门监督检验条件确认与安全风险评估。

2. 能根据 TSG T7001—2009 中电梯轿门与层门监督检验项目、内容与要求，实施电梯轿门与层门监督检验。

3. 能判断检验项目是否合格，分析原因，并提出整改措施。

4. 能根据检验情况，完成《电梯轿门与层门监督检验报告单》。

建议学时 12 学时

学习过程

一、条件确认与安全风险评估

在进行轿门与层门监督检验工作之前，应确认实施条件是否具备，并正确评估检验现场的安全风险。

认真阅读《条件确认与安全风险评估表》，逐项进行确认。此表实行负面清单制，只进行扣分记录，当出现扣分项，暂停实操，进行整改。

条件确认与安全风险评估表

任务名称：________　检验人员：________　日期：　年　月　日

实施检验前条件项目	内容（任务准备不足、违反安全文明生产，酌情扣 10 ~ 100 分）	是否合格	违规记录	备注
一、职业素养	1. 服从工作组长（教师）安排，遵守现场纪律，落实安全责任	□合格　□不合格		
	2. 手机关机或振动，并存放于指定的位置	□合格　□不合格		
	3. 认真理解并执行 6S 管理（安全、整理、整顿、清扫、清洁、素养）	□合格　□不合格		
二、安全防护	1. 规范佩戴安全帽（符合国标 GB 2811—2019《头部防护　安全帽》）	□合格　□不合格		
	2. 穿着工服，上衣无拉链（扣子式），穿长裤。严禁穿短裤，女生必须束发	□合格　□不合格		
	3. 穿着安全鞋，严禁穿拖鞋	□合格　□不合格		
三、工具选择（选用打√）	□万用表 □钳形电流表 □接地电阻测量仪 □绝缘电阻测量仪 □加、减速度测量仪 □转速表	□限速器测试设备 □钢丝绳探伤仪 □导轨垂直度测量仪 □声级计 □游标卡尺 □气泡水平仪		
	□塞尺 □磁力线坠 □湿度计 □温度计 □放大镜 □测力计	□活扳手 □验电笔 □对讲机 □手电筒 □十字旋具 □一字旋具		
	□照相机 □直角尺 □钢直尺 □钢卷尺 □阻门器 □三角钥匙	□护栏 □超声波测距仪 □激光测距仪 □其他：________		
四、安全风险评估（认识检验过程中可能发生的安全风险）	□人员坠落井道　□工具坠落井道　□剪切　□碰撞　□旋转设备的伤害　□触电 □其他：________			

二、检验实施

根据 TSG T7001—2009 的相关要求，实施电梯轿门与层门监督检验。

电梯轿门与层门监督检验实施表

工作内容	检验内容与要求	检验方法	检验过程与结果	配分（分）	得分
6.1 门地坎距离 C	轿厢地坎与层门地坎的水平距离不得大于 35 mm	测量相关尺寸	（1）在一层层站，用（数字式）游标卡尺检测轿厢地坎与层门地坎的水平距离 左：___mm，中：___mm，右：___mm （2）在二层层站，用（数字式）游标卡尺检测轿厢地坎与层门地坎的水平距离 左：___mm，中：___mm，右：___mm （3）数据分析 最大值：___mm，最小值：___mm ★**检验结论：**□合格 □不合格	10	
6.2 门标识 C	层门和玻璃轿门上设有标识，标明制造单位名称、型号，并且其内容与型式试验证书内容相符	对照检查层门和玻璃轿门的型式试验证书和标识	（1）轿门是否为玻璃门（□是 □否） （2）层门上是否设有标识（□是 □否） （3）制造单位名称：______ 型号：______ （4）标识内容是否与型式试验证书内容相符（□是 □否） ★**检验结论：**□合格 □不合格 □无此项	5	

续表

工作内容	检验内容与要求	检验方法	检验过程与结果	配分（分）	得分
6.3　门间隙 C（门扇间隙）	门关闭后，门扇之间及门扇与立柱、门楣和地坎之间的间隙，对于乘客电梯不大于 6 mm；对于载货电梯不大于 8 mm，使用过程中由于磨损，允许达到 10 mm	测量相关尺寸	（1）一层层门间隙测量 1）门扇之间的间隙。上部：____mm，中部：____mm，下部：____mm 2）门扇与立柱的间隙。左上：____mm，左下：____mm，右上：____mm，右下：____mm 3）门扇与门楣的间隙。左：____mm，右：____mm 4）门扇与地坎的间隙。左：____mm，右：____mm （2）二层层门间隙测量 1）门扇之间的间隙。上部：____mm，中部：____mm，下部：____mm 2）门扇与立柱的间隙。左上：____mm，左下：____mm，右上：____mm，右下：____mm 3）门扇与门楣的间隙。左：____mm，右：____mm 4）门扇与地坎的间隙。左：____mm，右：____mm （3）数据分析 一层层门间隙最大值：____mm，二层层门间隙最大值：____mm ★**检验结论：**☐合格　☐不合格	10	

续表

工作内容	检验内容与要求	检验方法	检验过程与结果	配分（分）	得分
6.3　门间隙 C（人力施加在最不利点时的间隙）	门关闭后，在水平移动门和折叠门主动门扇的开启方向，以 150 N 的人力施加在一个最不利的点，前条所述的间隙允许增大，但对于旁开门不大于 30 mm，对于中分门其总和不大于 45 mm	测量相关尺寸	（1）门扇类型：□中分门　□旁开门 （2）一层层门最不利点的最大间隙：____mm （3）二层层门最不利点的最大间隙：____mm ★**检验结论：**□合格　□不合格	5	
6.4　玻璃门防拖曳措施 C	层门和轿门采用玻璃门时，应当有防止儿童的手被拖曳的措施	目测	★**检验结论：**□合格　□不合格 □无此项	5	
6.5　防止门夹人的保护装置 B	动力驱动的自动水平滑动门应当设置防止门夹人的保护装置。当人员通过层门入口被正在关闭的门扇撞击或者即将被撞击时，该装置应当自动使门重新开启	模拟动作试验	（1）在实训梯层站，将电梯处于正常工作状态，当门打开后，延时自动关门或手动关门过程中，用手或遮挡物遮挡在两门扇光幕之间，观察电梯门系统是否反向打开（□是　□否） （2）在电梯轿门部件上手动推动机械式安全触板，观察机械式安全触板和行程开关（微动开关）的动作情况，进一步熟悉安全触板的功能 （3）拓展 1：查阅某品牌电梯光幕电路的电气原理图，分析光幕电路的基本组成和工作原理 （4）拓展 2：查阅已学继电器的电气原理图，分析安全触板电路和开关门电路的工作原理 ★**检验结论：**□合格　□不合格	5	

续表

工作内容	检验内容与要求	检验方法	检验过程与结果	配分（分）	得分
6.6　门的运行和导向 B	层门和轿门正常运行时不得出现脱轨、机械卡阻或者在行程终端时错位；由于磨损、锈蚀或者火灾造成层门导向装置失效时，应当设置应急导向装置，使层门保持在原有位置	目测（对于层门，抽取基站、端站以及至少 20% 其他层站的层门进行检查）	（1）检查层门系统运行是否正常（□是　□否），是否存在脱轨、机械卡阻、错位等情况（□是　□否） （2）现场指出层门系统的应急导向装置是由哪几部分构成的 ★**检验结论：**□合格　□不合格	5	
6.7　自动关闭层门装置 B	在轿门驱动层门的情况下，当轿厢在开锁区域之外时，如果层门开启（无论何种原因），应当有一种装置能够确保该层门自动关闭。自动关闭装置采用重块时，应当有防止重块坠落的措施	抽取基站、端站以及 20% 其他层站的层门，将轿厢运行至开锁区域外，打开层门，观察层门关闭情况及防止重块坠落措施的有效性	（1）弹簧式自动关闭层门装置的检验 在实训电梯轿顶，将轿厢运行到合适的位置，手动打开层门，然后缓慢关闭层门，在此过程中，仔细观察弹簧式自动关闭层门装置的动作情况，用推拉力计检查层门自闭力的大小 层门完全打开时的自闭力：____N 层门打开一半时的自闭力：____N 层门距离完全关闭还剩 50 mm 时的自闭力：____N （2）重锤式自动关闭层门装置的检验 在实训层门部件级实训设备上，手动打开层门，然后缓慢关闭层门，在此过程中，仔细观察重锤式自动关闭层门装置的动作情况，用推拉力计检查层门自闭力的大小	10	

续表

工作内容	检验内容与要求	检验方法	检验过程与结果	配分（分）	得分
6.7 自动关闭层门装置 B			层门完全打开时的自闭力：____N 层门打开一半时的自闭力：____N 层门距离完全关闭还剩 50 mm 时的自闭力：____N ★**检验结论**：□合格 □不合格	10	
6.8 紧急开锁装置 B	每个层门均应当能够被一把符合要求的钥匙从外面开启；紧急开锁后，在层门闭合时门锁装置不应当保持在开锁位置	抽取基站、端站以及 20% 其他层站的层门，用钥匙操作紧急开锁装置，验证其功能	（1）在实训电梯轿顶，将轿厢运行到合适的位置，手动打开层门，将层门固定在开启位置，仔细观察紧急开锁装置的结构特点。用三角钥匙转动紧急开锁装置，观察紧急开锁装置的动作情况是否符合要求（□是 □否） （2）紧急开锁后，层门闭合时，门锁装置是否恢复为锁紧位置（□是 □否） ★**检验结论**：□合格 □不合格	10	
6.9 门的锁紧 B	（1）每个层门都应当设有符合下述要求的门锁装置： 1）门锁装置上设有铭牌，标明制造单位名称、型号和型式试验机构的名称或者标志，铭牌内容和型式试验证书内容相符 2）锁紧动作由重力、永久磁铁或者弹簧来产生和保持，即使永久磁铁或者弹簧失效，重力也不能导致开锁 3）轿厢在锁紧元件啮合不小于 7 mm 时才能启动	（1）对照检查门锁型式试验证书和铭牌（对于层门，抽取基站、端站以及至少 20% 其他层站的层门进行检查），目测门锁及电气安全装置的设置	（1）查询型式试验证书内容，检验其是否与铭牌内容相符（□是 □否） （2）现场检验 1：锁紧元件啮合不小于 7 mm 时才能启动	10	

续表

工作内容	检验内容与要求	检验方法	检验过程与结果	配分（分）	得分
6.9　门的锁紧B	4）门的锁紧由一个电气安全装置来验证，该装置由锁紧元件强制操作而没有任何中间机构，并且能够防止误动作 （2）如果轿门采用了门锁装置，该装置应当符合本条（1）的要求	（2）目测锁紧元件的啮合情况，认为啮合长度可能不足时，测量电气触点刚闭合时锁紧元件的啮合长度 （3）使电梯以检修速度运行，打开门锁，观察电梯是否停止	（3）现场检验2：门的锁紧由一个电气安全装置来验证，该装置由锁紧元件强制操作而没有任何中间机构，并且能够防止误动作 **★检验结论：**□合格　□不合格 □无此项	10	
6.10　门的闭合B	（1）正常运行时应当不能打开层门，除非轿厢在该层门的开锁区域内停止或者停站；如果一个层门或者轿门（或者多扇门中的任何一扇门）开着，在正常操作情况下，应当不能启动电梯或者不能保持继续运行	（1）使电梯以检修速度运行，打开层门，检查电梯是否停止 （2）将电梯置于检修状态，层门关闭，打开轿门，观察电梯能否运行	（1）在轿顶，使电梯以检修（爬行）速度运行，打开层门，检查电梯是否停止（□是　□否） （2）将电梯置于检修状态，层门关闭，打开轿门，检查电梯是否运行（□是　□否）	10	

续表

工作内容	检验内容与要求	检验方法	检验过程与结果	配分（分）	得分
6.10 门的闭合 B	（2）每个层门和轿门的闭合都应当由电气安全装置来验证，如果滑动门是由数个间接机械连接的门扇组成的，则未被锁住的门扇上也应当设置电气安全装置，以验证其闭合状态	（3）对于由数个间接机械连接的门扇组成的滑动门，抽取轿门和基站、端站以及20%其他层站的层门，短接被锁住门扇上的电气安全装置，使各门扇均打开，观察电梯能否运行	（3）观察中分式层门副门锁电气触点的动作情况是否正常（□是 □否） ★**检验结论：**□合格 □不合格 □无此项	10	
6.11 轿门开门限制装置及轿门的开启 B	（1）应当设置轿门开门限制装置，当轿厢停在开锁区域外时，能够防止轿厢内的人员打开轿门离开轿厢 （2）在轿厢意外移动保护装置允许的最大制停距离范围内，打开对应的层门后，能够不用工具（三角钥匙或者永久性设置在现场的工具除外）从层站处打开轿门	模拟试验，操作检查	★**检验结论：**□合格 □不合格	5	

续表

工作内容	检验内容与要求	检验方法	检验过程与结果	配分（分）	得分
6.12 门刀、门锁滚轮与地坎间隙 C	轿门门刀与层门地坎、层门锁滚轮与轿厢地坎的间隙应当不小于 5 mm，电梯运行时不得互相碰擦 层门锁滚轮与轿厢地坎间隙	测量相关数据	（1）在实训电梯二层平台，将轿厢运行到轿门门刀中部和层门地坎同一水平位置，分别测量左右两侧门刀和层门地坎间隙。左：____mm，右：____mm （2）将轿厢运行到与层门锁滚轮和轿厢地坎同一水平位置，测量层门锁滚轮和轿厢地坎间隙为____mm ★**检验结论**：□合格 □不合格	10	
合计： 分					

三、填写《电梯轿门与层门监督检验报告单》

根据任务实施情况，完成《电梯轿门与层门监督检验报告单》。检验结论使用“合格”“不合格”“无此项”等规范用语。

电梯轿门与层门监督检验报告单

<table>
<tr><th>序号</th><th>检验类别</th><th colspan="3">检验项目及其内容</th><th>检验结论</th><th>备注</th></tr>
<tr><td>1</td><td>C</td><td rowspan="15">6 轿门与层门</td><td colspan="2">6.1 门地坎距离</td><td></td><td></td></tr>
<tr><td>2</td><td>C</td><td colspan="2">6.2 门标识</td><td></td><td></td></tr>
<tr><td rowspan="2">3</td><td rowspan="2">C</td><td rowspan="2">6.3 门间隙</td><td>门扇间隙</td><td></td><td></td></tr>
<tr><td>人力施加在最不利点时的间隙</td><td></td><td></td></tr>
<tr><td>4</td><td>C</td><td colspan="2">6.4 玻璃门防拖曳措施</td><td></td><td></td></tr>
<tr><td>5</td><td>B</td><td colspan="2">6.5 防止门夹人的保护装置</td><td></td><td></td></tr>
<tr><td>6</td><td>B</td><td colspan="2">6.6 门的运行和导向</td><td></td><td></td></tr>
<tr><td>7</td><td>B</td><td colspan="2">6.7 自动关闭层门装置</td><td></td><td></td></tr>
<tr><td>8</td><td>B</td><td colspan="2">6.8 紧急开锁装置</td><td></td><td></td></tr>
<tr><td rowspan="2">9</td><td rowspan="2">B</td><td rowspan="2">6.9 门的锁紧</td><td>层门门锁装置</td><td></td><td></td></tr>
<tr><td>轿门门锁装置</td><td></td><td></td></tr>
<tr><td rowspan="2">10</td><td rowspan="2">B</td><td rowspan="2">6.10 门的闭合</td><td>机电联锁</td><td></td><td></td></tr>
<tr><td>电气安全装置</td><td></td><td></td></tr>
<tr><td rowspan="2">11</td><td rowspan="2">B</td><td rowspan="2">6.11 轿门开门限制装置及轿门的开启</td><td>轿门开门限制装置</td><td></td><td></td></tr>
<tr><td>轿门的开启</td><td></td><td></td></tr>
<tr><td>12</td><td>C</td><td colspan="2">6.12 门刀、门锁滚轮与地坎间隙</td><td></td><td></td></tr>
</table>

学习活动 4　工作总结与评价

学习目标

1. 能按分组情况，派代表展示工作成果，说明本次任务的完成情况，并做分析总结。

2. 能结合任务完成情况，正确规范地撰写工作总结。

3. 能就本次任务中出现的问题提出改进措施。

4. 能对学习与工作进行反思总结，并能与他人开展良好合作，进行有效沟通。

建议学时　2 学时

学习过程

一、个人、小组评价

以小组为单位，选择演示文稿、展板、海报、视频等形式中的一种或几种，向全班展示、汇报工作成果。在展示的过程中，以小组为单位进行评价；评价完成后，根据其他小组对本组展示成果的评价意见进行归纳总结。

汇报思路设计：

其他小组的评价意见：

二、教师评价

认真听取教师对本小组展示成果优缺点以及在完成任务过程中出现的亮点和不足的评价意见，并做好记录。

1．教师对本小组展示成果优点的点评。

2．教师对本小组展示成果缺点及改进方法的点评。

3．教师对本小组在整个任务完成过程中出现的亮点和不足的点评。

三、工作过程回顾及总结

1．在团队学习过程中，项目负责人给你分配了哪些工作任务？你是如何完成的？还有哪些需要改进的地方？

2．总结完成电梯轿门与层门监督检验任务过程中遇到的问题和困难，列举 2 ~ 3 点你认为比较值得和其他同学分享的工作经验。

3．回顾本学习任务的工作过程，对新学专业知识和技能进行归纳和整理，撰写工作总结。

评价与分析

按照客观、公正和公平原则，在教师的指导下按自我评价、小组评价和教师评价三种方式对自己或他人在本学习任务中的表现进行综合评价。综合等级按：A（90 ~ 100）、B（75 ~ 89）、C（60 ~ 74）、D（0 ~ 59）四个级别进行填写。

学习任务综合评价表

<table>
<tr><th rowspan="2">考核项目</th><th rowspan="2">评价内容</th><th rowspan="2">配分（分）</th><th colspan="3">评价分数</th></tr>
<tr><th>自我评价</th><th>小组评价</th><th>教师评价</th></tr>
<tr><td rowspan="6">职业素养</td><td>劳动保护用品穿戴完备，仪容仪表符合工作要求</td><td>5</td><td></td><td></td><td></td></tr>
<tr><td>安全意识、责任意识、服从意识强</td><td>6</td><td></td><td></td><td></td></tr>
<tr><td>积极参加教学活动，按时完成各项学习任务</td><td>6</td><td></td><td></td><td></td></tr>
<tr><td>团队合作意识强，善于与人交流和沟通</td><td>6</td><td></td><td></td><td></td></tr>
<tr><td>自觉遵守劳动纪律，尊敬师长，团结同学</td><td>6</td><td></td><td></td><td></td></tr>
<tr><td>爱护公物，节约材料，管理现场符合 6S 标准</td><td>6</td><td></td><td></td><td></td></tr>
<tr><td rowspan="3">专业能力</td><td>专业知识扎实，有较强的自学能力</td><td>10</td><td></td><td></td><td></td></tr>
<tr><td>操作积极，训练刻苦，具有一定的动手能力</td><td>15</td><td></td><td></td><td></td></tr>
<tr><td>技能操作规范，注重检验工艺，工作效率高</td><td>10</td><td></td><td></td><td></td></tr>
<tr><td rowspan="2">工作成果</td><td>电梯轿门与层门监督检验符合规范要求</td><td>20</td><td></td><td></td><td></td></tr>
<tr><td>工作总结符合要求</td><td>10</td><td></td><td></td><td></td></tr>
<tr><td colspan="2">总分</td><td>100</td><td></td><td></td><td></td></tr>
<tr><td rowspan="2">总评</td><td rowspan="2">自我评价 ×20%+ 小组评价 ×20%+ 教师评价 ×60%=</td><td>综合等级</td><td colspan="3" rowspan="2">教师（签名）：</td></tr>
<tr><td></td></tr>
</table>

学习任务七　无机房电梯附加监督检验

学习目标

1. 能查阅相关标准和行业规范，正确填写《无机房电梯附加监督检验工作任务单》。

2. 能根据《无机房电梯附加监督检验工作任务单》，制订检验实施计划。

3. 能正确使用常用检验工具、仪器及设备，正确穿戴安全防护用品，严格执行安全技术标准和6S管理规定。

4. 能协同小组成员完成无机房电梯附加监督检验工作。

5. 能对无机房电梯附加监督检验各分项目做出是否合格的判断，并对检验不合格的项目给出正确的处理意见。

6. 能主动获取有效信息，展示工作成果，对学习与工作进行总结反思，并能与他人开展良好合作，进行有效沟通。

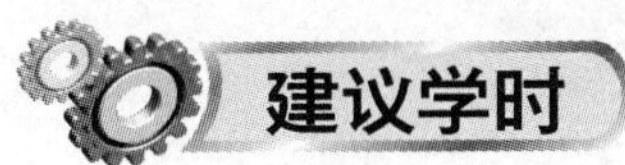

建议学时

20学时

工作情景描述

某楼盘有一台产品编号为W/3001的曳引式无机房电梯，近期刚完成安装和调试。电梯安装公司为了在合同约定日期内将电梯交付使用单位，拟安排工程部根据《电梯监督检验和定期检验规则——曳引与强制驱动电梯》（TSG T7001—2009）、《电梯制造与安装安全规范》（GB 7588—2003）等技术标准文件，对无机房电梯附加检验项目进行监督检验自检，两天完成。

工作流程与活动

学习活动 1　明确检验任务（2 学时）

学习活动 2　检验前的准备（4 学时）

学习活动 3　实施检验（12 学时）

学习活动 4　工作总结与评价（2 学时）

学习活动 1　明确检验任务

学习目标

1. 能正确填写《无机房电梯附加监督检验工作任务单》，明确完成任务的相关要素。

2. 能正确阅读《无机房电梯附加监督检验项目、内容及要求》，明确任务包含的检验项目、检验内容及要求。

3. 能根据任务要求正确填写《工作联系单》。

4. 能进行无机房电梯附加监督检验安全技术交底。

建议学时　2 学时

学习过程

一、明确工作任务

1．查阅受检电梯档案资料和技术规范文件，完成《无机房电梯附加监督检验工作任务单》的填写。

无机房电梯附加监督检验工作任务单

开始日期	年　月　日	任务单号	
任务描述	某楼盘有一台产品编号为 W/3001 的曳引式无机房电梯，近期刚完成安装和调试。电梯安装公司为了在合同约定日期内将电梯交付使用单位，拟安排工程部根据《电梯监督检验和定期检验规则——曳引与强制驱动电梯》（TSG T7001—2009）、《电梯制造与安装安全规范》（GB 7588—2003）等技术标准文件，对无机房电梯附加检验项目进行监督检验自检，两天完成		
设备品种		型号	

续表

<table>
<tr><td colspan="2">制造单位名称</td><td colspan="3"></td></tr>
<tr><td colspan="2">产品编号</td><td></td><td>制造日期</td><td></td></tr>
<tr><td colspan="2">施工单位名称</td><td colspan="3"></td></tr>
<tr><td colspan="2">施工单位许可证明文件编号</td><td></td><td>施工类别</td><td>（安装、改造、重大修理）</td></tr>
<tr><td colspan="2">安装地点</td><td></td><td>使用登记证编号</td><td></td></tr>
<tr><td colspan="2">使用单位名称</td><td colspan="3"></td></tr>
<tr><td colspan="2">维护保养单位名称</td><td colspan="3"></td></tr>
<tr><td rowspan="2">设备技术参数</td><td>额定载重</td><td>______kg</td><td>额定速度</td><td>______m/s</td></tr>
<tr><td>层站门数</td><td>______层站门</td><td>控制方式</td><td>______</td></tr>
<tr><td>检验依据</td><td colspan="4">《电梯监督检验和定期检验规则——曳引与强制驱动电梯》（TSG T7001—2009，含第 1 号、第 2 号修改单）</td></tr>
<tr><td>主要检验工具、仪器仪表及设备</td><td colspan="4"></td></tr>
</table>

2．仔细阅读《无机房电梯附加监督检验项目、内容及要求》，查阅电梯检规及电梯标准文件，填空并回答问题。

无机房电梯附加监督检验项目、内容及要求

<table>
<tr><th colspan="3">检验项目及内容</th><th>检验要求</th></tr>
<tr><td rowspan="4">7 无机房电梯附加检验项目</td><td rowspan="4">7.1 轿顶上或者轿厢内的作业场地 C</td><td>机械锁定装置</td><td rowspan="4">检查、维修驱动主机、控制柜的作业场地设在轿顶上或轿内时，应当具有以下安全措施：
（1）设置防止轿厢移动的____________装置
（2）设置检查机械锁定装置工作位置的电气安全装置，当该机械锁定装置处于____________时，能防止轿厢的所有运行
（3）若在轿厢壁上设置检修门（窗），则该门（窗）不得____________打开，并且装有用钥匙开启的锁，不用钥匙能够关闭和锁住，同时设置检查检修门（窗）锁定位置的________装置
（4）在检修门（窗）开启的情况下需要从________移动轿厢时，在检修门（窗）的附近设置轿内检修控制装置，轿内检修控制装置能够使检修门（窗）锁定位置的电气安全装置______，作业人员站在轿顶时，不能使用该装置来移动轿厢；如果检修门（窗）的尺寸中较小的一个尺寸超过______m，则井道内安装的设备与该检修门（窗）外边缘之间的距离应不小于____m</td></tr>
<tr><td>检查机械锁定装置工作位置的电气安全装置</td></tr>
<tr><td>轿厢检修门（窗）设置</td></tr>
<tr><td>检修门（窗）开启时从轿内移动轿厢的要求</td></tr>
</table>

续表

<table>
<tr><th colspan="3">检验项目及内容</th><th>检验要求</th></tr>
<tr><td rowspan="10">7　无机房电梯附加检验项目</td><td rowspan="3">7.2　底坑内的作业场地 C</td><td>机械制停装置</td><td rowspan="3">检查、维修驱动主机、控制柜的作业场地设在底坑时，如果检查、维修工作需要移动轿厢或可能导致轿厢的失控和意外移动，应当具有以下安全措施：
（1）设置停止轿厢运动的__________装置，使作业场地内的地面与轿厢最低部件之间的距离不小于____m
（2）设置检查________装置工作位置的电气安全装置，当机械制停装置处于非停放位置且未进入工作位置时，能防止轿厢的__________；当机械制停装置进入工作位置后，仅能通过______装置来控制轿厢的电动移动
（3）在井道外设置________装置，只有通过操纵该装置才能使电梯恢复到__________状态，该装置只能由工作人员操作</td></tr>
<tr><td>检查机械制停装置工作位置的电气安全装置</td></tr>
<tr><td>井道外的电气复位装置</td></tr>
<tr><td rowspan="5">7.3　平台上的作业场地 C</td><td>平台设置</td><td rowspan="5">检查、维修机器设备的作业场地设在平台上时，如果该平台位于轿厢或者对重的运行通道中，则应当具有以下安全措施：
（1）平台是永久性装置，有足够的________，并且设置______
（2）设有可以使平台进入（退出）工作位置的装置，该装置只能由工作人员在底坑或者在井道外操作，由一个________装置确认平台完全缩回后电梯才能运行
（3）如果检查、维修作业不需要移动轿厢，则设置防止__________的机械锁定装置和检查机械锁定装置工作位置的电气安全装置，当机械锁定装置处于非停放位置时，能防止轿厢的__________
（4）如果检查、维修作业需要移动轿厢，则设置____________装置来限制轿厢的运行区间。当轿厢位于平台上方时，该装置能够使轿厢停在上方距平台至少____m处；当轿厢位于平台下方时，该装置能够使轿厢停在平台下方符合 3.2 曳引驱动电梯顶部空间要求的位置
（5）设置检查机械止挡装置工作位置的________装置，只有机械止挡装置处于完全缩回的位置时才允许轿厢移动，只有机械止挡装置处于__________的位置时才允许轿厢在前条所限定的区域内移动
如果该平台不位于轿厢或者对重的运行通道中，则应当满足上述（1）的要求</td></tr>
<tr><td>平台进（出）装置与电气安全装置</td></tr>
<tr><td>机械锁定装置与电气安全装置</td></tr>
<tr><td>活动式机械止挡装置</td></tr>
<tr><td>检查机械止挡装置工作位置的电气安全装置</td></tr>
<tr><td rowspan="2">7.4　附加检修控制装置 C</td><td>附加检修控制装置设置</td><td rowspan="2">如果需要在轿厢内、底坑或者平台上移动轿厢，则应当在相应位置上设置附加检修控制装置，并且符合以下要求：
（1）每台电梯只能设置____个附加检修控制装置，附加检修控制装置的形式要求与__________控制装置相同
（2）如果一个检修控制装置被转换到“检修”位置，则通过持续按压该控制装置上的按钮就能够______轿厢；如果两个检修控制装置均被转换到“检修”位置，则从任何一个检修控制装置__________移动轿厢，或者当同时按压两个检修控制装置上相同方向的按钮时，才能够移动轿厢</td></tr>
<tr><td>与轿顶检修的互锁</td></tr>
</table>

简述开展无机房电梯附加监督检验对各类工作平台有哪些要求。

3．阅读并填写《工作联系单》。

工作联系单 编号：

工程名称	无机房电梯附加监督检验	日期	
接收单位		抄送单位	
主题			
联系情况记录：			
接收单位		发出单位	
工程负责人		技术负责人	

二、安全技术交底

阅读《无机房电梯附加监督检验安全技术交底》，进一步明确无机房电梯附加监督检验安全技术交底的内容，了解可能存在的风险，避免发生安全事故。

无机房电梯附加监督检验安全技术交底

工程名称	
施工内容	
安全技术交底内容	
一、无机房电梯附加监督检验安全防护要求 1．检验人员应当正确着装，佩戴安全帽，穿防护鞋，扣紧领口、袖口，女员工束紧长发，摘除身上佩戴的首饰等物品 2．检验人员应当在使用单位电梯管理人员的配合下实施检验；学校组织课堂教学时每组检验学员同时进入工作平台的人数不超过 4 人 3．检验前，应当将标明正在检验的标示牌和围栏放置于电梯井道入口处，确认轿厢内无人	

续表

<table>
<tr><th colspan="4">安全技术交底内容</th></tr>
<tr><td colspan="4">4. 无机房电梯附加检验事故预防：防止检验工具从井道开口处坠落；检验人员应当注意工作环境内旋转设备的防护（包括曳引轮、限速器、导向轮等设备），在旋转设备周围检验时，严禁戴手套
二、无机房电梯附加监督检验电气部分的安全要求
1. 对是否达到“切断电梯主开关，设置明显的警示及安全标志”的要求进行确认
2. 在对电气设备或线路进行测试时，做到一人操作，另一人监护
3. 需要使用短接线进行电路短接操作时，必须使电梯处于检修状态，停止开关处于“停止”位置。在相关检验操作完成后，应立即取下短接线
4. 某些电梯电气部件（如电容器、变频器等）即使在切断电源后仍然带有残余电能，残余电能可能导致人员触电或者设备的意外动作。针对这些电梯设备部件，在进行检验之前，应当通过接地或者按照设备说明书上的要求释放残余电能
三、无机房电梯附加监督检验安全技术流程
1. 进入操作平台：将轿厢运行至合适的位置，进入操作平台
2. 操作平台作业：严格遵守专业技术规范和安全守则开展作业
3. 退出操作平台：恢复设备开关，检查工具、仪表等是否带出，在确认无误后退出操作平台
4. 安全强化：要求学员能对现场可能出现的安全事故进行叙述，并给出预防措施</td></tr>
<tr><td>交底人</td><td></td><td>交底日期</td><td></td></tr>
<tr><td>接受人</td><td></td><td>接受日期</td><td></td></tr>
</table>

（1）进行无机房电梯附加监督检验前应做好哪些防护措施，以保护检验人员的安全?

（2）进行无机房电梯电气检验前应主要注意哪些问题?

（3）无机房电梯附加监督检验有哪些常见的事故？举例说明。

学习活动 2　检验前的准备

学习目标

1. 能合理制订检验实施计划，包含实施流程计划、时间计划、组织计划等。

2. 掌握无机房电梯附加监督检验的主要技术要点。

3. 能正确选用无机房电梯附加监督检验所需工具、仪器仪表及检验设备。

4. 能正确穿戴个人安全防护用品，明确施工现场 6S 管理规定。

建议学时　4 学时

学习过程

一、制订检验实施计划

阅读《无机房电梯附加监督检验实施计划》，将其补充完整。

无机房电梯附加监督检验实施计划

主题	分计划内容		备注
制订无机房电梯附加监督检验实施计划	实施流程计划	按照《无机房电梯附加监督检验项目、内容及要求》中的顺序实施	
	时间计划	无机房电梯附加监督检验任务实施 开始时间： 结束时间： 用时计划：	

续表

<table>
<tr><th>主题</th><th colspan="2">分计划内容</th><th>备注</th></tr>
<tr><td>制订无机房电梯附加监督检验实施计划</td><td>组织计划</td><td>任务实施小组组内分工
现场检测：
数据记录：
现场拍照、录像：
检验结果分析、归纳、评价与判断：</td><td></td></tr>
</table>

二、无机房电梯附加监督检验技术要点与标准分析

阅读《无机房电梯附加监督检验技术要点与标准分析》，回答下列问题。

无机房电梯附加监督检验技术要点与标准分析

<table>
<tr><th colspan="3">检验项目及内容</th><th>技术要点与标准分析</th><th>备注</th></tr>
<tr><td rowspan="4">7　无机房电梯附加检验项目</td><td rowspan="4">7.1　轿顶上或者轿厢内的作业场地 C</td><td>机械锁定装置</td><td rowspan="2">当驱动主机、控制柜安装在井道顶部或轿顶时，轿顶作为作业场地用于维修、检查工作。在对制动器、曳引轮、悬挂绳等部件进行维修或检查时，轿厢有滑动或意外失控的可能，会对作业人员造成影响，并有可能引发事故，因此，应当设置防止轿厢移动的机械锁定装置，如在轿厢上安装一根承力轴，在对应轿厢停止位置的导轨处安装带孔的支架，将轴伸出插入固定孔内时轿厢就不能做任何移动了，并且由一个电气安全装置检查该机械锁定装置的工作状态。当不在轿顶上或轿厢内实施维修、检查作业时，该机械锁定装置处于停放位置；当需要在轿顶上或轿厢内实施维修、检查作业时，该机械锁定装置从离开停放位置起到进入工作位置之前（即“非停放位置”），电气安全装置应防止轿厢的所有运行，即电气安全装置停止轿厢运行的时段包括了机械锁定装置进入工作位置的整个过程，以防止操作过程中轿厢运行发生事故</td><td rowspan="4"></td></tr>
<tr><td>检查机械锁定装置工作位置的电气安全装置</td></tr>
<tr><td>轿厢检修门（窗）设置</td><td rowspan="2">当驱动主机、控制柜装设在轿厢侧框架时，轿厢内可作为作业场地用于维修、检查工作。此时可能需要在轿厢壁上设置检修门（窗），为了便于维修、检查，还可能需要在检修门（窗）开启的情况下从轿内移动轿厢。对于这种情况，除需满足对轿厢机械锁定装置和电气安全装置的要求，还需满足轿厢检修门（窗）设置、检修门（窗）开启时从轿内移动轿厢的要求。“如果检修门（窗）的尺寸中较小的一个尺寸超过 0.20 m，则井道内安装的设备与该检修门（窗）外边缘之间的距离应不小于 0.30 m”，是为了防止在轿厢移动过程中发生剪切</td></tr>
<tr><td>检修门（窗）开启时从轿内移动轿厢的要求</td></tr>
</table>

续表

检验项目及内容			技术要点与标准分析	备注
7 无机房电梯附加检验项目	7.2 底坑内的作业场地 C	机械制停装置	当驱动主机、控制柜安装在底坑时，底坑作为作业场地用于维修、检查工作。对制动器、曳引轮、悬挂绳等部件进行维修或检查时，轿厢有移动或者坠落的可能，会对底坑内的作业人员造成影响，并且可能引发事故，因此，应当设置机械制停装置，使底坑地面与轿厢最低部件之间的距离不小于 2 m（当垂直滑动门的部件、护脚板和相邻的井道壁以及轿厢最低部件与导轨之间的水平距离在 0.15 m 之内时，上述的部件不需要满足至底坑地面不小于 2 m 的要求），这样就能确保作业人员即使站立在底坑工作时，也不会碰撞到轿厢的最低部件 当不在底坑内实施维修、检查作业时，该机械制停装置处于停放位置；当需要在底坑内实施维修、检查作业时，该机械制停装置从离开停放位置起到进入工作位置之前，电气安全装置应防止轿厢的所有运行，以防止操作过程中轿厢运行发生事故；当机械制停装置进入工作位置后，则应当允许作业人员通过检修装置来控制轿厢的移动。底坑内的工作完成后，机械制停装置需要恢复到非工作状态。为了防止作业人员在井道内恢复该装置的过程中、或完成恢复工作但作业人员还没有离开井道时，电梯已可以正常运行而引发事故，要求恢复电梯正常运行的操作必须在井道外进行。通常采用的方式是在井道外安装一个电气控制的复位装置，该装置还需满足防止被滥用的可能（如需锁住，钥匙只能交给授权人员）	
		检查机械制停装置工作位置的电气安全装置		
		井道外的电气复位装置		
	7.3 平台上的作业场地 C	平台设置	检查、维修机器设备的作业场地设在平台上时，如果该平台不位于轿厢或者对重的运行通道中，则轿厢或对重的移动不会直接影响到平台上的工作人员，只需满足平台设置和 7.1 项的要求。如果该平台位于轿厢或者对重的运行通道中，则应当满足 7.1 项以及本项的要求。“平台是永久性装置”是指该平台不是临时性质的，使用时在现场通过简单的操作就能实现，而不是需要从其他地方拿来安装	
		平台进（出）装置与电气安全装置		
		机械锁定装置与电气安全装置		
		活动式机械止挡装置		
		检查机械止挡装置工作位置的电气安全装置		

续表

检验项目及内容			技术要点与标准分析	备注
7　无机房电梯附加检验项目	7.4　附加检修控制装置 C	附加检修控制装置设置	本版检规规定，每台电梯的轿顶都应当装设一个符合要求的检修装置；对于无机房电梯，如果需要在轿厢内、底坑或者平台上移动轿厢（7.2、7.3、7.4 项），则应当在相应位置设置一个附加检修装置，且每台电梯最多只能设置一个附加检修装置。轿顶检修装置和附加检修装置应当"互锁"，或者当同时按压两个检修控制装置上相同方向的按钮时才能够移动轿厢，这样才能防止轿厢的非预期移动	
		与轿顶检修的互锁		

（1）简述无机房电梯的定义。

（2）为什么要设置防止轿厢移动的机械锁定装置?

（3）如果检修门（窗）的尺寸中较小的一个尺寸超过 0.20 m，则井道内安装的设备与该检修门（窗）外边缘之间的距离应不小于 0.30 m，这么规定是出于什么考虑?

（4）如果检修平台在底坑，底坑地面与轿厢最低部件之间的距离应不小于 2 m，这么规定是出于什么考虑?

三、无机房电梯附加监督检验用具的选用

在下表中选出无机房电梯附加监督检验需要的用具，并简要写出其作用。

无机房电梯检验用具

类别	名称（使用到的打√）	作用
仪器仪表	□万用表	
	□验电笔	
	□温湿度计	
	□钳形电流表	
	□接地电阻测量仪	
	□绝缘电阻测量仪	
	□转速表	
	□声级计	
	□光照度计	
	□测力计	
	□超声波测距仪	
	□激光测距仪	
检验工具	□钢卷尺	
	□钢直尺	
	□直角尺	
	□游标卡尺	
	□气泡水平仪	
	□塞尺	

续表

类别	名称（使用到的打√）	作用
检验工具	□磁力线坠	
	□放大镜	
	□活扳手	
	□十字旋具	
	□一字旋具	
检验设备	□限速器测试设备	
	□钢丝绳探伤仪	
	□导轨垂直度测量仪	
	□振动加速度测量仪	
专用工具	□安全护栏	
	□三角钥匙	
	□电梯专用阻门器	
	□宽口游标卡尺	
防护用品	□安全帽	
	□安全鞋	
	□工作服	
	□劳保手套	
	□吊索（高空作业安全带）	
辅助用品	□对讲机	
	□手电筒	
	□照相机（或手机）	

学习活动3 实 施 检 验

学习目标

1. 能进行无机房电梯附加监督检验条件确认与安全风险评估。

2. 能根据TSG T7001—2009中无机房电梯附加监督检验项目、内容与要求，实施无机房电梯附加监督检验。

3. 能判断检验项目是否合格，分析原因，并提出整改措施。

4. 能根据检验情况，完成《无机房电梯附加监督检验报告单》。

建议学时 12学时

学习过程

一、条件确认与安全风险评估

在进行无机房电梯附加监督检验工作之前，应确认实施条件是否具备，并正确评估检验现场的安全风险。

认真阅读《条件确认与安全风险评估表》，逐项进行确认。此表实行负面清单制，只进行扣分记录，当出现扣分项，暂停实操，进行整改。

条件确认与安全风险评估表

任务名称：________　检验人员：________　日期：　年　月　日

<table>
<tr><th>实施检验前条件项目</th><th colspan="4">内容（任务准备不足、违反安全文明生产，酌情扣 10 ~ 100 分）</th><th colspan="2">是否合格</th><th>违规记录</th><th>备注</th></tr>
<tr><td rowspan="3">一、职业素养</td><td colspan="4">1. 服从工作组长（教师）安排，遵守现场纪律，落实安全责任</td><td colspan="2">□合格　□不合格</td><td></td><td></td></tr>
<tr><td colspan="4">2. 手机关机或振动，并存放于指定的位置</td><td colspan="2">□合格　□不合格</td><td></td><td></td></tr>
<tr><td colspan="4">3. 认真理解并执行 6S 管理（安全、整理、整顿、清扫、清洁、素养）</td><td colspan="2">□合格　□不合格</td><td></td><td></td></tr>
<tr><td rowspan="3">二、安全防护</td><td colspan="4">1. 规范佩戴安全帽（符合国标 GB 2811—2019《头部防护　安全帽》）</td><td colspan="2">□合格　□不合格</td><td></td><td></td></tr>
<tr><td colspan="4">2. 穿着工服，上衣无拉链（扣子式），穿长裤。严禁穿短裤，女生必须束发</td><td colspan="2">□合格　□不合格</td><td></td><td></td></tr>
<tr><td colspan="4">3. 穿着安全鞋，严禁穿拖鞋</td><td colspan="2">□合格　□不合格</td><td></td><td></td></tr>
<tr><td>三、工具选择（选用打√）</td><td>□万用表
□钳形电流表
□接地电阻测量仪
□绝缘电阻测量仪
□加、减速度测量仪
□转速表</td><td>□限速器测试设备
□钢丝绳探伤仪
□导轨垂直度测量仪
□声级计
□游标卡尺
□气泡水平仪</td><td>□塞尺
□磁力线坠
□湿度计
□温度计
□放大镜
□测力计</td><td>□活扳手
□验电笔
□对讲机
□手电筒
□十字旋具
□一字旋具</td><td>□照相机
□直角尺
□钢直尺
□钢卷尺
□阻门器
□三角钥匙</td><td>□护栏
□超声波测距仪
□激光测距仪
□其他：
________</td><td></td><td></td></tr>
<tr><td>四、安全风险评估（认识检验过程中可能发生的安全风险）</td><td colspan="6">□人员坠落井道　□工具坠落井道　□剪切　□碰撞　□旋转设备的伤害　□触电
□其他：________</td><td></td><td></td></tr>
</table>

二、检验实施

根据 TSG T7001—2009 的相关要求，实施无机房电梯附加监督检验。

无机房电梯附加监督检验实施表

工作内容	检验内容与要求	检验方法	检验过程与结果	配分（分）	得分
7.1 轿顶上或者轿厢内的作业场地 C	检查、维修驱动主机、控制柜的作业场地设在轿顶上或轿内时，应当具有以下安全措施： （1）设置防止轿厢移动的机械锁定装置 （2）设置检查机械锁定装置工作位置的电气安全装置，当该机械锁定装置处于非停放位置时，能防止轿厢的所有运行 （3）若在轿厢壁上设置检修门（窗），则该门（窗）不得向轿厢外打开，并且装有用钥匙开启的锁，不用钥匙能够关闭和锁住，同时设置检查检修门（窗）锁定位置的电气安全装置 （4）在检修门（窗）开启的情况下需要从轿内移动轿厢时，在检修门（窗）的附近设置轿内检修控制装置，轿内检修控制装置能够使检修门（窗）锁定位置的电气安全装置失效，作业人员站在轿顶时，不能使用该装置来移动轿厢；如果检修门（窗）的尺寸中较小的一个尺寸超过 0.20 m，则井道内安装的设备与该检修门（窗）外边缘之间的距离应不小于 0.30 m	（1）目测机械锁定装置、检修门（窗）、轿内检修控制装置的设置 （2）通过模拟操作以及使电气安全装置动作，检查机械锁定装置、轿内检修控制装置、电气安全装置的功能	★**检验结论：**□合格 □不合格 □无此项	25	

续表

工作内容	检验内容与要求	检验方法	检验过程与结果	配分（分）	得分
7.2　底坑内的作业场地 C	检查、维修驱动主机、控制柜的作业场地设在底坑时，如果检查、维修工作需要移动轿厢或可能导致轿厢的失控和意外移动，应当具有以下安全措施： （1）设置停止轿厢运动的机械制停装置，使作业场地内的地面与轿厢最低部件之间的距离不小于 2 m （2）设置检查机械制停装置工作位置的电气安全装置，当机械制停装置处于非停放位置且未进入工作位置时，能防止轿厢的所有运行；当机械制停装置进入工作位置后，仅能通过检修装置来控制轿厢的电动移动 （3）在井道外设置电气复位装置，只有通过操纵该装置才能使电梯恢复到正常工作状态，该装置只能由工作人员操作	（1）不具备相应安全措施时，应核查电梯整机型式试验证书或者报告书，确认其上有无检查、维修工作无须移动轿厢且不可能导致轿厢失控和意外移动的说明 （2）目测机械制停装置、井道外电气复位装置的设置 （3）通过模拟操作以及使电气安全装置动作，检查机械制停装置、井道外电气复位装置、电气安全装置的功能	★**检验结论：**□合格　□不合格 □无此项	25	

续表

工作内容	检验内容与要求	检验方法	检验过程与结果	配分（分）	得分
7.3 平台上的作业场地 C	检查、维修机器设备的作业场地设在平台上时，如果该平台位于轿厢或者对重的运行通道中，则应当具有以下安全措施： （1）平台是永久性装置，有足够的力学强度，并且设置护栏 （2）设有可以使平台进入（退出）工作位置的装置，该装置只能由工作人员在底坑或者在井道外操作，由一个电气安全装置确认平台完全缩回后电梯才能运行 （3）如果检查、维修作业不需要移动轿厢，则设置防止轿厢移动的机械锁定装置和检查机械锁定装置工作位置的电气安全装置，当机械锁定装置处于非停放位置时，能防止轿厢的所有运行 （4）如果检查、维修作业需要移动轿厢，则设置活动式机械止挡装置来限制轿厢的运行区间。当轿厢位于平台上方时，该装置能够使轿厢停在上方距平台至少 2 m 处；当轿厢位于平台下方时，该装置能够使轿厢停在平台下方符合 3.2 曳引驱动电梯顶部空间要求的位置	（1）目测平台、平台护栏、机械锁定装置、活动式机械止挡装置的设置	★**检验结论：**□合格 □不合格 □无此项	25	

续表

工作内容	检验内容与要求	检验方法	检验过程与结果	配分（分）	得分
7.3　平台上的作业场地 C	（5）设置检查机械止挡装置工作位置的电气安全装置，只有机械止挡装置处于完全缩回的位置时才允许轿厢移动，只有机械止挡装置处于完全伸出的位置时才允许轿厢在前条所限定的区域内移动 如果该平台不位于轿厢或者对重的运行通道中，则应当满足（1）的要求	（2）通过模拟操作以及使电气安全装置动作，检查机械锁定装置、活动式机械止挡装置、电气安全装置的功能	**★检验结论：**□合格　□不合格 □无此项	25	
7.4　附加检修控制装置 C	如果需要在轿厢内、底坑或者平台上移动轿厢，则应当在相应位置上设置附加检修控制装置，并且符合以下要求： （1）每台电梯只能设置 1 个附加检修控制装置，附加检修控制装置的形式要求与轿顶检修控制装置相同 （2）如果一个检修控制装置被转换到“检修”位置，则通过持续按压该控制装置上的按钮就能够移动轿厢；如果两个检修控制装置均被转换到“检修”位置，则从任何一个检修控制装置都不可能移动轿厢，或者当同时按压两个检修控制装置上相同方向的按钮时，才能够移动轿厢	（1）目测附加检修控制装置的设置 （2）进行检修操作，检查检修控制装置的功能	**★检验结论：**□合格　□不合格 □无此项	25	
合计：　　分					

三、填写《无机房电梯附加监督检验报告单》

根据任务实施情况，完成《无机房电梯附加监督检验报告单》。检验结论使用“合格”“不合格”“无此项”等规范用语。

无机房电梯附加监督检验报告单

<table>
<tr><th>序号</th><th>检验类别</th><th colspan="3">检验项目及其内容</th><th>检验结论</th><th>备注</th></tr>
<tr><td rowspan="4">1</td><td rowspan="4">C</td><td rowspan="13">7　无机房电梯附加检验项目</td><td rowspan="4">7.1　轿顶上或者轿厢内的作业场地</td><td>机械锁定装置</td><td></td><td></td></tr>
<tr><td>检查机械锁定装置工作位置的电气安全装置</td><td></td><td></td></tr>
<tr><td>轿厢检修门（窗）设置</td><td></td><td></td></tr>
<tr><td>检修门（窗）开启时从轿内移动轿厢的要求</td><td></td><td></td></tr>
<tr><td rowspan="3">2</td><td rowspan="3">C</td><td rowspan="3">7.2　底坑内的作业场地</td><td>机械制停装置</td><td></td><td></td></tr>
<tr><td>检查机械制停装置工作位置的电气安全装置</td><td></td><td></td></tr>
<tr><td>井道外的电气复位装置</td><td></td><td></td></tr>
<tr><td rowspan="5">3</td><td rowspan="5">C</td><td rowspan="5">7.3　平台上的作业场地</td><td>平台设置</td><td></td><td></td></tr>
<tr><td>平台进（出）装置与电气安全装置</td><td></td><td></td></tr>
<tr><td>机械锁定装置与电气安全装置</td><td></td><td></td></tr>
<tr><td>活动式机械止挡装置</td><td></td><td></td></tr>
<tr><td>检查机械止挡装置工作位置的电气安全装置</td><td></td><td></td></tr>
<tr><td rowspan="2">4</td><td rowspan="2">C</td><td rowspan="2">7.4　附加检修控制装置</td><td>附加检修控制装置设置</td><td></td><td></td></tr>
<tr><td>与轿顶检修的互锁</td><td></td><td></td></tr>
</table>

学习活动 4　工作总结与评价

学习目标

1. 能按分组情况，派代表展示工作成果，说明本次任务的完成情况，并做分析总结。

2. 能结合任务完成情况，正确规范地撰写工作总结。

3. 能就本次任务中出现的问题提出改进措施。

4. 能对学习与工作进行反思总结，并能与他人开展良好合作，进行有效沟通。

建议学时　2 学时

学习过程

一、个人、小组评价

以小组为单位，选择演示文稿、展板、海报、视频等形式中的一种或几种，向全班展示、汇报工作成果。在展示的过程中，以小组为单位进行评价；评价完成后，根据其他小组对本组展示成果的评价意见进行归纳总结。

汇报思路设计：

其他小组的评价意见：

二、教师评价

认真听取教师对本小组展示成果优缺点以及在完成任务过程中出现的亮点和不足的评价意见，并做好记录。

1．教师对本小组展示成果优点的点评。

2．教师对本小组展示成果缺点及改进方法的点评。

3．教师对本小组在整个任务完成过程中出现的亮点和不足的点评。

三、工作过程回顾及总结

1．在团队学习过程中，项目负责人给你分配了哪些工作任务？你是如何完成的？还有哪些需要改进的地方？

2．总结完成无机房电梯附加监督检验任务过程中遇到的问题和困难，列举 2 ～ 3 点你认为比较值得和其他同学分享的工作经验。

3．回顾本学习任务的工作过程，对新学专业知识和技能进行归纳和整理，撰写工作总结。

评价与分析

按照客观、公正和公平原则，在教师的指导下按自我评价、小组评价和教师评价三种方式对自己或他人在本学习任务中的表现进行综合评价。综合等级按：A（90 ~ 100）、B（75 ~ 89）、C（60 ~ 74）、D（0 ~ 59）四个级别进行填写。

学习任务综合评价表

考核项目	评价内容	配分（分）	评价分数		
			自我评价	小组评价	教师评价
职业素养	劳动保护用品穿戴完备，仪容仪表符合工作要求	5			
	安全意识、责任意识、服从意识强	6			
	积极参加教学活动，按时完成各项学习任务	6			
	团队合作意识强，善于与人交流和沟通	6			
	自觉遵守劳动纪律，尊敬师长，团结同学	6			
	爱护公物，节约材料，管理现场符合 6S 标准	6			
专业能力	专业知识扎实，有较强的自学能力	10			
	操作积极，训练刻苦，具有一定的动手能力	15			
	技能操作规范，注重检验工艺，工作效率高	10			
工作成果	无机房电梯附加监督检验符合规范要求	20			
	工作总结符合要求	10			
总分		100			
总评	自我评价 ×20%+ 小组评价 ×20%+ 教师评价 ×60%=	综合等级	教师（签名）：		

学习任务八　电 梯 试 验

学习目标

1. 能查阅相关标准和行业规范，正确填写《电梯试验工作任务单》。

2. 能根据《电梯试验工作任务单》，制订试验实施计划。

3. 能正确使用常用试验工具、仪器及设备，正确穿戴安全防护用品，严格执行安全技术标准和6S管理规定。

4. 能协同小组成员完成电梯试验工作。

5. 能对电梯试验各分项目做出是否合格的判断，并对试验不合格的项目给出正确的处理意见。

6. 能主动获取有效信息，展示工作成果，对学习与工作进行总结反思，并能与他人开展良好合作，进行有效沟通。

建议学时

20学时

工作情景描述

某楼盘有一台产品编号为E/3003的曳引式电梯，近期刚完成安装和调试。电梯安装公司为了在合同约定日期内将电梯交付使用单位，拟安排工程部根据《电梯监督检验和定期检验规则——曳引与强制驱动电梯》(TSG T7001—2009)、《电梯制造与安装安全规范》(GB 7588—2003)等技术标准文件，进行电梯试验，两天完成。

工作流程与活动

学习活动 1　明确试验任务（2 学时）

学习活动 2　试验前的准备（4 学时）

学习活动 3　实施试验（12 学时）

学习活动 4　工作总结与评价（2 学时）

学习活动 1　明确试验任务

学习目标

1. 能正确填写《电梯试验工作任务单》，明确完成任务的相关要素。

2. 能正确阅读《电梯试验项目、内容及要求》，明确任务包含的试验项目、试验内容及要求。

3. 能根据任务要求正确填写《工作联系单》。

4. 能进行电梯试验安全技术交底。

建议学时　2 学时

学习过程

一、明确工作任务

1．查阅受检电梯档案资料和技术规范文件，完成《电梯试验工作任务单》的填写。

电梯试验工作任务单

开始日期	年　月　日	任务单号	
任务描述	某楼盘有一台产品编号为 E/3003 的曳引式电梯，近期刚完成安装和调试。电梯安装公司为了在合同约定日期内将电梯交付使用单位，拟安排工程部根据《电梯监督检验和定期检验规则——曳引与强制驱动电梯》（TSG T7001—2009）、《电梯制造与安装安全规范》（GB 7588—2003）等技术标准文件，进行电梯试验，两天完成		
设备品种		型号	
制造单位名称			
产品编号		制造日期	

续表

施工单位名称				
施工单位许可证明文件编号			施工类别	（安装、改造、重大修理）
安装地点			使用登记证编号	
使用单位名称				
维护保养单位名称				
设备技术参数	额定载重	______kg	额定速度	______m/s
	层站门数	______层站门	控制方式	______
试验依据	《电梯监督检验和定期检验规则——曳引与强制驱动电梯》（TSG T7001—2009，含第1号、第2号修改单）			
主要试验工具、仪器仪表及设备				

2．仔细阅读《电梯试验项目、内容及要求》，查阅电梯检规及电梯标准文件，填空并回答问题。

电梯试验项目、内容及要求

试验项目及内容		试验要求
8 试验	8.1 平衡系数试验 B（C）	曳引电梯的平衡系数应当在__________之间，或者符合制造（改造）单位的设计值
	8.2 轿厢上行超速保护装置试验 C	当轿厢上行速度失控时，__________装置应当动作，使轿厢制停或者至少使其速度降低至对重缓冲器的设计范围；该装置动作时，应当使一个________装置动作
	8.3 轿厢意外移动保护装置试验 B	（1）轿厢在井道上部空载，以型式试验证书所给出的试验速度上行并触发制停部件，仅使用__________就能够使电梯停止，轿厢的移动距离在型式试验证书给出的范围内 （2）如果电梯采用存在________的制动器作为制停部件，则当制动器提起（或者释放）失效，或者制动力不足时，应当关闭轿门和层门，并且防止电梯正常启动
	8.4 轿厢限速器－安全钳试验 B	（1）施工监督检验：轿厢装载下述载荷，以检修速度下行，进行限速器－安全钳联动试验，限速器、安全钳动作应当可靠 1）瞬时式安全钳，轿厢装载____________；对于轿厢面积超出规定的载货电梯，以轿厢实际面积按规定所对应的额定载重作为试验载荷

续表

试验项目及内容		试验要求
8　试验	8.4　轿厢限速器－安全钳试验 B	2）渐进式安全钳，轿厢装载____倍的额定载重；对于轿厢面积超出规定的载货电梯，取 1.25 倍的额定载重与轿厢实际面积按规定所对应的额定载重两者中的较大值作为试验载荷；对于额定载重按照单位轿厢有效面积________200 kg/m^2 计算的汽车电梯，轿厢装载______倍的额定载重 （2）定期检验：轿厢空载，以检修速度下行，进行限速器－安全钳联动试验，________、________动作应当可靠
	8.5　对重（平衡重）限速器－安全钳试验 B	轿厢空载，以______速度上行，进行限速器－安全钳联动试验，限速器、安全钳动作应当可靠
	8.6　运行试验 C	轿厢分别________、________，以正常运行速度上、下运行，呼梯、楼层显示等信号系统功能有效、指示正确且动作无误，轿厢平层良好，无__________发生。对于设有 IC 卡系统的电梯，轿厢内的人员______通过 IC 卡系统即可到达建筑物的出口层，并且在电梯退出正常服务时，自动退出 IC 卡功能
	8.7　应急救援试验 B	（1）在机房内或者紧急操作和动态测试装置上设有明晰的____________________ （2）建筑物内的救援通道保持______，以便相关人员无阻碍地抵达实施紧急操作的位置和层站等处 （3）在各种载荷工况下，按照（1）所述的应急救援程序实施操作，能够安全、及时地解救__________
	8.8　电梯速度 C	当电源为______频率，对电动机施以额定电压时，轿厢装载____% 的额定载重，向下运行至行程中段（除去加速和减速段）时的速度不得大于额定速度的______%，不宜小于额定速度的______%
	8.9　空载曳引检查 B	当对重压在缓冲器上而曳引机按电梯上行方向旋转时，应当______提升空载轿厢
	8.10　上行制动工况曳引检查 B	轿厢______并以正常运行速度上行至行程上部，切断电动机与制动器供电，轿厢应当完全停止
	8.11　下行制动工况曳引检查 A（B）	轿厢装载______% 的额定载重，以正常运行速度下行至行程下部，切断电动机与制动器供电，轿厢应当完全停止
	8.12　静态曳引检查 A（B）	对于轿厢面积超过规定的载货电梯，以轿厢实际面积所对应的______倍的额定载重进行静态曳引检查；对于额定载重按照单位轿厢有效面积________200 kg/m^2 计算的汽车电梯，以 1.5 倍的额定载重做静态曳引检查；历时 10 min，曳引绳应当没有打滑现象
	8.13　制动试验 A（B）	轿厢装载______% 的额定载重，以正常运行速度下行时，切断电动机和制动器供电，制动器应当能够使驱动主机停止运转，试验后轿厢应无明显变形和损坏

（1）电梯平衡系数一般在什么区间?

（2）一般应如何确定平衡系数?

（3）对上行超速保护的要求是什么?

（4）如何开展上行超速保护试验?

（5）上行超速保护的实现形式主要有哪几种?

（6）实现轿厢意外移动保护有哪些方法?

（7）简述轿厢意外移动保护装置的工作原理。

（8）如何开展轿厢意外移动保护装置的试验?

（9）如何进行轿厢限速器－安全钳联动试验?

（10）如何开展对重限速器－安全钳联动试验?

（11）简述应急救援试验的操作步骤。

（12）如何开展制动试验?

3．阅读并填写《工作联系单》。

工作联系单

编号：

工程名称	电梯试验	日期	
接收单位		抄送单位	
主题			
联系情况记录：			
接收单位		发出单位	
工程负责人		技术负责人	

二、安全技术交底

阅读《电梯试验安全技术交底》，进一步明确电梯试验安全技术交底的内容，了解可能存在的风险，避免发生安全事故。

电梯试验安全技术交底

工程名称			
施工内容			
安全技术交底内容			
1．试验人员应当着工装，戴安全帽，穿防护鞋 2．现场试验人员不得少于 2 人，试验人员应当在使用单位电梯管理人员的配合下实施试验；学校组织课堂教学每组学员人数以不超过 4 人为限 3．试验前，应当将标明正在试验的标示牌和围栏放置于电梯设备附近及电梯井道入口处，确认轿厢内无人，关闭电梯门并防止电梯门在试验过程中发生非预期的开关门动作，禁止无关人员进入试验区域 4．试验前应当确认通信设施的有效性。试验指令应当清晰，接受指令的人员应当重复指令，确认无误后方可实施操作 5．实施电气部分试验时，或者需要防止电梯的运动时，应执行以下操作： （1）断开电源开关，并加锁和醒目标识。在无法闭锁电源开关的情况下，应当摘除电源电路的熔断器，或采用等效方法确保电源电路处于断开状态 （2）某些电梯设备部件（如电容器、电动机－发电机组等）即使在切断电源后仍然带有残余电能，残余电能可能导致人员触电或者设备的意外动作。针对这些电梯设备部件，在进行试验之前，应当通过接地或者按照设备说明书上的要求释放残余电能			

续表

安全技术交底内容			
（3）对于多台并联控制的电梯，可能存在已断开主电源的控制柜仍然带电的情况，试验时应当仔细确认 6．试验人员应当持续注意所有运动设备的位置和状态 7．试验人员能对现场可能出现的安全事故进行叙述，并给出预防措施			
交底人		交底日期	
接受人		接受日期	

（1）进行电梯试验前应做好哪些防护措施，以保护试验人员的安全？

（2）进行电梯试验前应主要注意哪些问题？

（3）电梯试验有哪些常见的事故？举例说明。

学习活动 2　试验前的准备

学习目标

1. 能合理制订试验实施计划，包含实施流程计划、时间计划、组织计划等。

2. 掌握电梯试验的主要技术要点。

3. 能正确选用电梯试验所需工具、仪器仪表及试验设备。

4. 能正确穿戴个人安全防护用品，明确施工现场 6S 管理规定。

建议学时　4 学时

学习过程

一、制订试验实施计划

阅读《电梯试验实施计划》，将其补充完整。

电梯试验实施计划

主题	分计划内容		备注
制订电梯试验实施计划	实施流程计划	按照《电梯试验项目、内容及要求》中的顺序实施	
	时间计划	电梯试验任务实施 开始时间： 结束时间： 用时计划：	
	组织计划	任务实施小组组内分工 现场检测： 数据记录： 现场拍照、录像： 试验结果分析、归纳、评价与判断：	

二、电梯试验技术要点与标准分析

阅读《电梯试验技术要点与标准分析》，回答下列问题。

电梯试验技术要点与标准分析

试验项目及内容		技术要点与标准分析	备注
8　试验	8.1　平衡系数试验 B（C）	对于某些经常轻载运行的电梯，较小的平衡系数有利于节能，因此，在有足够曳引力并满足其他相关要求的情况下，平衡系数可以小于 0.40 对于变频变压调速电梯，在电动机电源输入端测量电流时，应当注意采用适用于非工频和工频电流测量的检验装置	
	8.2　轿厢上行超速保护装置试验 C	电梯整机制造单位应当在控制屏或者紧急操作屏上标注轿厢上行超速保护装置的动作试验方法，如需进行本项规定的试验，应当按照该标注方法进行	
	8.3　轿厢意外移动保护装置试验 B	新增试验项目	
	8.4　轿厢限速器–安全钳试验 B	本版检规对于进行轿厢限速器–安全钳联动试验时轿厢内载荷的规定，与 02 版检规不尽相同。02 版检规的相应规定是，新安装具有型式试验证书的瞬时式（或渐近式）安全钳，轿厢承载额定载荷（或 1.25 倍额定载荷），以检修速度做限速器–安全钳联动试验，安全钳工作应可靠。定期检验时，应做空载、检修速度的限速器–安全钳联动试验	
	8.5　对重（平衡重）限速器–安全钳试验 B	02 版检规无此项要求	
	8.6　运行试验 C	轿厢分别空载、满载，以正常运行速度上、下运行，观察其运行情况	
	8.7　应急救援试验 B	新增试验项目	
	8.8　电梯速度 C	可以采用以下方法测量： （1）在机房内用测速装置测量悬挂钢丝绳的线速度，并按照下式计算轿厢速度： $v=v_s/i$ 式中，v 为轿厢运行速度，m/s；v_s 为悬挂钢丝绳的线速度，m/s；i 为曳引比 （2）在机房内用转速表测量电动机的转速，并按照下式计算轿厢速度： $v=(\pi\times D\times n)/(60\times i_1\times i_2)$	

续表

<table>
<tr><th colspan="2">试验项目及内容</th><th>技术要点与标准分析</th><th>备注</th></tr>
<tr><td rowspan="6">8 试验</td><td>8.8 电梯速度 C</td><td>式中，D 为曳引轮外径，m；n 为电机转速，r/min；i_1 为减速箱传动比；i_2 为曳引比
（3）采用测速装置（如加减速度测试仪、电梯综合性能测试仪等）在轿厢内直接测量</td><td></td></tr>
<tr><td>8.9 空载曳引检查 B</td><td>当对重压在缓冲器上时，继续使曳引机按上行方向旋转，如果曳引轮与曳引绳产生相对滑动现象而空载轿厢不再上升，或者曳引机停止旋转而空载轿厢不再上升，则可判断试验结果符合要求。对于出现曳引轮与曳引绳产生相对滑动的情况，为避免因局部过热引起钢丝绳和曳引轮不必要的磨损，但又足以说明轿厢保持静止不动，在钢丝绳不动的情况下曳引轮转一圈后即可停止试验</td><td></td></tr>
<tr><td>8.10 上行制动工况曳引检查 B</td><td>此项是进行上行紧急制动工况下曳引力的检验，而非制动器能力试验。“轿厢应当完全停止”可以理解为在紧急制动期间能保证曳引能力，不会发生由于钢丝绳的严重滑移而导致轿厢失控的情况</td><td></td></tr>
<tr><td>8.11 下行制动工况曳引检查 A（B）</td><td>本项应当理解为对制动器和曳引力检验的结合，既有对制动器制动能力的检验，又有对电梯下行紧急制动工况下曳引力的检验。“轿厢应当完全停止”可以理解为在紧急制动期间能保证曳引能力，不会发生由于钢丝绳的严重滑移而导致轿厢失控的情况。如认为曳引轮槽的磨损可能影响曳引能力时，应当进行 8.11 项试验</td><td></td></tr>
<tr><td>8.12 静态曳引检查 A（B）</td><td>本版与 02 版检规的规定有所不同。02 版检规的相应规定是，当轿厢面积不能限制载荷超过额定值时，需要 150% 额定载荷做曳引静载检查，历时 10 min 曳引绳无打滑现象。本版检规对于轿厢面积超过相应规定的载货电梯，若认为曳引轮槽的磨损可能影响曳引能力时，应当进行 8.12 项试验</td><td></td></tr>
<tr><td>8.13 制动试验 A（B）</td><td>新增试验项目</td><td></td></tr>
</table>

（1）在什么情况下，平衡系数可以设置为小于 0.40？

（2）监督检验中的轿厢限速器－安全钳试验与定期检验中有何不同?

（3）如何进行电梯运行试验?

（4）进行空载曳引检查时，应注意哪些问题?

（5）一般可以采用哪些方法进行电梯速度试验?

（6）如何开展上行制动工况曳引检查?

（7）如何开展下行制动工况曳引检查？

（8）在开展静态曳引检查时，应注意哪些问题？

三、电梯试验用具的选用

在下表中选出电梯试验需要的用具，并简要写出其作用。

电梯试验用具

类别	名称（使用到的打√）	作用
仪器仪表	□万用表	
	□验电笔	
	□温湿度计	
	□钳形电流表	
	□接地电阻测量仪	
	□绝缘电阻测量仪	
	□转速表	
	□声级计	
	□光照度计	
	□测力计	
	□超声波测距仪	
	□激光测距仪	

续表

类别	名称（使用到的打√）	作用
检验工具	□钢卷尺	
	□钢直尺	
	□直角尺	
	□游标卡尺	
	□气泡水平仪	
	□塞尺	
	□磁力线坠	
	□放大镜	
	□活扳手	
	□十字旋具	
	□一字旋具	
检验设备	□限速器测试设备	
	□钢丝绳探伤仪	
	□导轨垂直度测量仪	
	□振动加速度测量仪	
专用工具	□安全护栏	
	□三角钥匙	
	□电梯专用阻门器	
	□宽口游标卡尺	
防护用品	□安全帽	
	□安全鞋	
	□工作服	
	□劳保手套	
	□吊索（高空作业安全带）	
辅助用品	□对讲机	
	□手电筒	
	□照相机（或手机）	

学习活动3 实 施 试 验

学习目标

1. 能进行电梯试验条件确认与安全风险评估。

2. 能根据 TSG T7001—2009 中电梯试验项目、内容与要求，实施电梯试验。

3. 能判断试验项目是否合格，分析原因，并提出整改措施。

4. 能根据试验情况，完成《电梯试验报告单》。

建议学时 12学时

学习过程

一、条件确认与安全风险评估

在进行电梯试验工作之前，应确认实施条件是否具备，并正确评估试验现场的安全风险。

认真阅读《条件确认与安全风险评估表》，逐项进行确认。此表实行负面清单制，只进行扣分记录，当出现扣分项，暂停实操，进行整改。

条件确认与安全风险评估表

任务名称：________ 试验人员：________ 日期：　年　月　日

实施试验前条件项目	内容（任务准备不足、违反安全文明生产，酌情扣 10 ~ 100 分）	是否合格	违规记录	备注
一、职业素养	1．服从工作组长（教师）安排，遵守现场纪律，落实安全责任	□合格　□不合格		
	2．手机关机或振动，并存放于指定的位置	□合格　□不合格		
	3．认真理解并执行 6S 管理（安全、整理、整顿、清扫、清洁、素养）	□合格　□不合格		
二、安全防护	1．规范佩戴安全帽（符合国标 GB 2811—2019《头部防护　安全帽》）	□合格　□不合格		
	2．穿着工服，上衣无拉链（扣子式），穿长裤。严禁穿短裤，女生必须束发	□合格　□不合格		
	3．穿着安全鞋，严禁穿拖鞋	□合格　□不合格		
三、工具选择（选用打√）	□万用表 □钳形电流表 □接地电阻测量仪 □绝缘电阻测量仪 □加、减速度测量仪 □转速表 | □限速器测试设备 □钢丝绳探伤仪 □导轨垂直度测量仪 □声级计 □游标卡尺 □气泡水平仪 | □塞尺 □磁力线坠 □湿度计 □温度计 □放大镜 □测力计 | □活扳手 □验电笔 □对讲机 □手电筒 □十字旋具 □一字旋具	□照相机 □直角尺 □钢直尺 □钢卷尺 □阻门器 □三角钥匙 | □护栏 □超声波测距仪 □激光测距仪 □其他：________		
四、安全风险评估（认识试验过程中可能发生的安全风险）	□人员坠落井道　□工具坠落井道　□剪切　□碰撞　□旋转设备的伤害　□触电 □其他：________			

二、试验实施

根据 TSG T7001—2009 的相关要求，实施电梯试验。

电梯试验实施表

工作内容	试验内容与要求	试验方法	试验过程与结果	配分（分）	得分
8.1 平衡系数试验 B（C）	曳引电梯的平衡系数应当在 0.40 ~ 0.50 之间，或者符合制造（改造）单位的设计值	采用下列方法之一确定平衡系数： （1）轿厢分别装载额定载重的 30%、40%、45%、50%、60% 进行上、下全程运行，当轿厢和对重运行到同一水平位置时，记录电动机的电流值，绘制电流 – 负荷曲线，以上、下行运行曲线的交点确定平衡系数 （2）按照本规则第四条的规定认定的方法 注：本条试验类别 C 类适用于定期检验。只有当本条试验结果符合相关要求时方可进行 8.2 ~ 8.13 的试验	★ **试验结论：**□合格 □不合格	10	

续表

工作内容	试验内容与要求	试验方法	试验过程与结果	配分（分）	得分
8.2　轿厢上行超速保护装置试验 C	当轿厢上行速度失控时，轿厢上行超速保护装置应当动作，使轿厢制停或者至少使其速度降低至对重缓冲器的设计范围；该装置动作时，应当使一个电气安全装置动作	由施工或者维护保养单位按照制造单位规定的方法进行试验，试验人员现场观察、确认	★**试验结论：**□合格 □不合格	5	
8.3　轿厢意外移动保护装置试验 B	（1）轿厢在井道上部空载，以型式试验证书所给出的试验速度上行并触发制停部件，仅使用制停部件就能够使电梯停止，轿厢的移动距离在型式试验证书给出的范围内 （2）如果电梯采用存在内部冗余的制动器作为制停部件，则当制动器提起（或者释放）失效，或者制动力不足时，应当关闭轿门和层门，并且防止电梯正常启动	由施工或者维护保养单位进行试验，试验人员现场观察、确认	★**试验结论：**□合格 □不合格	5	

续表

工作内容	试验内容与要求	试验方法	试验过程与结果	配分（分）	得分
8.4 轿厢限速器－安全钳试验 B	（1）施工监督检验：轿厢装载下述载荷，以检修速度下行，进行限速器－安全钳联动试验，限速器、安全钳动作应当可靠 1）瞬时式安全钳，轿厢装载额定载重；对于轿厢面积超出规定的载货电梯，以轿厢实际面积按规定所对应的额定载重作为试验载荷 2）渐进式安全钳，轿厢装载 1.25 倍的额定载重；对于轿厢面积超出规定的载货电梯，取 1.25 倍的额定载重与轿厢实际面积按规定所对应的额定载重两者中的较大值作为试验载荷；对于额定载重按照单位轿厢有效面积不小于 200 kg/m^2 计算的汽车电梯，轿厢装载 1.5 倍的额定载重 （2）定期检验：轿厢空载，以检修速度下行，进行限速器－安全钳联动试验，限速器、安全钳动作应当可靠	（1）施工监督检验：由施工单位进行试验，试验人员现场观察、确认 （2）定期检验：轿厢空载并以检修速度运行，分别使限速器和安全钳的电气安全装置动作，观察轿厢是否停止运行；然后短接限速器和安全钳的电气安全装置，轿厢空载并以检修速度向下运行，人为动作限速器，观察轿厢制停情况	★**试验结论：**□合格 □不合格 □无此项	10	

续表

工作内容	试验内容与要求	试验方法	试验过程与结果	配分（分）	得分
8.5 对重（平衡重）限速器－安全钳试验 B	轿厢空载，以检修速度上行，进行限速器－安全钳联动试验，限速器、安全钳动作应当可靠	轿厢空载并以检修速度运行，分别使限速器和安全钳的电气安全装置（如果有）动作，观察轿厢是否停止运行；短接限速器和安全钳的电气安全装置（如果有），轿厢空载并以检修速度向上运行，人为动作限速器，观察对重（平衡重）制停情况	用钢卷尺（钢直尺）测量机房地面圈框的高度，与 50 mm 比较，得出试验结论。现场拍照（录像）作为见证材料 实测圈框高度：____mm ★**试验结论：**□合格 □不合格	5	
8.6 运行试验 C	轿厢分别空载、满载，以正常运行速度上、下运行，呼梯、楼层显示等信号系统功能有效、指示正确且动作无误，轿厢平层良好，无异常现象发生。对于设有 IC 卡系统的电梯，轿厢内的人员无须通过 IC 卡系统即可到达建筑物的出口层，并且在电梯退出正常服务时，自动退出 IC 卡功能	（1）轿厢分别空载、满载，以正常运行速度上、下运行，观察其运行情况 （2）将电梯置于检修状态以及紧急电动运行、火灾召回、地震运行状态（如果有），验证 IC 卡功能是否退出	★**试验结论：**□合格 □不合格	5	

续表

工作内容	试验内容与要求	试验方法	试验过程与结果	配分（分）	得分
8.7　应急救援试验 B	（1）在机房内或者紧急操作和动态测试装置上设有明晰的应急救援程序 （2）建筑物内的救援通道保持通畅，以便相关人员无阻碍地抵达实施紧急操作的位置和层站等处 （3）在各种载荷工况下，按照（1）所述的应急救援程序实施操作，能够安全、及时地解救被困人员	（1）目测 （2）在空载、半载、满载等工况（含轿厢与对重平衡的工况）情况下模拟停电和停梯故障，按照相应的应急救援程序进行操作；定期检验时在空载工况下进行；由施工或者维护保养单位进行操作，试验人员现场观察、确认	★**试验结论：**□合格 □不合格	5	
8.8　电梯速度 C	当电源为额定频率，对电动机施以额定电压时，轿厢装载 50% 的额定载重，向下运行至行程中段（除去加速和减速段）时的速度不得大于额定速度的 105%，不宜小于额定速度的 92%	用速度检测仪器进行检测	★**试验结论：**□合格 □不合格	10	

续表

工作内容	试验内容与要求	试验方法	试验过程与结果	配分（分）	得分
8.9　空载曳引检查B	当对重压在缓冲器上而曳引机按电梯上行方向旋转时，应当不能提升空载轿厢	将上限位开关（如果有）、极限开关和缓冲器柱塞复位开关（如果有）短接，以检修速度提升空载轿厢，当对重压在缓冲器上时，继续使曳引机按上行方向旋转，观察是否出现曳引轮与曳引绳相对滑动的现象，或者曳引机停止旋转	★**试验结论：**□合格　□不合格	5	
8.10　上行制动工况曳引检查B	轿厢空载并以正常运行速度上行至行程上部，切断电动机与制动器供电，轿厢应当完全停止	轿厢空载并以正常运行速度上行至行程上部时，断开主开关，检查轿厢的停止情况	对于两台及以上电梯共用一个机房的情况，则每台电梯都要采用相同的标识，如1#电梯、2#电梯。现场拍照（录像）作为见证材料 ★**试验结论：**□合格　□不合格	10	

续表

工作内容	试验内容与要求	试验方法	试验过程与结果	配分（分）	得分
8.11　下行制动工况曳引检查 A（B）	轿厢装载 125% 的额定载重，以正常运行速度下行至行程下部，切断电动机与制动器供电，轿厢应当完全停止	由施工单位（定期检验时由维护保养单位）进行试验，试验人员现场观察、确认 注：定期检验如需进行此项目，按 B 类项目进行	★ **试验结论：** □合格 □不合格	10	
8.12　静态曳引检查 A（B）	对于轿厢面积超过规定的载货电梯，以轿厢实际面积所对应的 1.25 倍的额定载重进行静态曳引检查；对于额定载重按照单位轿厢有效面积不小于 200 kg/m^2 计算的汽车电梯，以 1.5 倍的额定载重做静态曳引检查；历时 10 min，曳引绳应当没有打滑现象	由施工单位（定期检验时由维护保养单位）进行试验，试验人员现场观察、确认 注：定期检验如需进行此项目，按 B 类项目进行	★ **试验结论：** □合格 □不合格	10	
8.13　制动试验 A（B）	轿厢装载 125% 的额定载重，以正常运行速度下行时，切断电动机和制动器供电，制动器应当能够使驱动主机停止运转，试验后轿厢应无明显变形和损坏	（1）监督检验：由施工单位进行试验，试验人员现场观察、确认 （2）定期检验：由维护保养单位每 5 年进行一次试验，试验人员现场观察、确认 注：对于曳引驱动电梯，本条可以与 8.11 项一并进行。定期检验仅针对乘客电梯，并且试验类别为 B 类	查阅电气原理图，查明制动器电路的工作原理。根据电路原理和实物状况，结合模拟操作检查制动器的电气控制 ★ **试验结论：** □合格 □不合格	10	
合计：　　分					

三、填写《电梯试验报告单》

根据任务实施情况，完成《电梯试验报告单》。试验结论使用“合格”“不合格”“无此项”等规范用语。

电梯试验报告单

序号	试验类别	试验项目及其内容		试验结论	备注
1	B（C）	8　试验	8.1　平衡系数试验		
2	C		8.2　轿厢上行超速保护装置试验		
3	B		8.3　轿厢意外移动保护装置试验		
4	B		8.4　轿厢限速器－安全钳试验		
5	B		8.5　对重（平衡重）限速器－安全钳试验		
6	C		8.6　运行试验		
7	B		8.7　应急救援试验		
8	C		8.8　电梯速度		
9	B		8.9　空载曳引检查		
10	B		8.10　上行制动工况曳引检查		
11	A（B）		8.11　下行制动工况曳引检查		
12	A（B）		8.12　静态曳引检查		
13	A（B）		8.13　制动试验		

学习活动 4　工作总结与评价

学习目标

1. 能按分组情况，派代表展示工作成果，说明本次任务的完成情况，并做分析总结。

2. 能结合任务完成情况，正确规范地撰写工作总结。

3. 能就本次任务中出现的问题提出改进措施。

4. 能对学习与工作进行反思总结，并能与他人开展良好合作，进行有效沟通。

建议学时　2 学时

学习过程

一、个人、小组评价

以小组为单位，选择演示文稿、展板、海报、视频等形式中的一种或几种，向全班展示、汇报工作成果。在展示的过程中，以小组为单位进行评价；评价完成后，根据其他小组对本组展示成果的评价意见进行归纳总结。

汇报思路设计：

其他小组的评价意见：

二、教师评价

认真听取教师对本小组展示成果优缺点以及在完成任务过程中出现的亮点和不足的评价意见，并做好记录。

1．教师对本小组展示成果优点的点评。

2．教师对本小组展示成果缺点及改进方法的点评。

3．教师对本小组在整个任务完成过程中出现的亮点和不足的点评。

三、工作过程回顾及总结

1．在团队学习过程中，项目负责人给你分配了哪些工作任务？你是如何完成的？还有哪些需要改进的地方？

2．总结完成电梯试验任务过程中遇到的问题和困难，列举 2 ~ 3 点你认为比较值得和其他同学分享的工作经验。

3．回顾本学习任务的工作过程，对新学专业知识和技能进行归纳和整理，撰写工作总结。

评价与分析

按照客观、公正和公平原则，在教师的指导下按自我评价、小组评价和教师评价三种方式对自己或他人在本学习任务中的表现进行综合评价。综合等级按：A（90 ~ 100）、B（75 ~ 89）、C（60 ~ 74）、D（0 ~ 59）四个级别进行填写。

学习任务综合评价表

考核项目	评价内容	配分（分）	评价分数		
			自我评价	小组评价	教师评价
职业素养	劳动保护用品穿戴完备，仪容仪表符合工作要求	5			
	安全意识、责任意识、服从意识强	6			
	积极参加教学活动，按时完成各项学习任务	6			
	团队合作意识强，善于与人交流和沟通	6			
	自觉遵守劳动纪律，尊敬师长，团结同学	6			
	爱护公物，节约材料，管理现场符合 6S 标准	6			
专业能力	专业知识扎实，有较强的自学能力	10			
	操作积极，训练刻苦，具有一定的动手能力	15			
	技能操作规范，注重试验工艺，工作效率高	10			
工作成果	电梯试验符合规范要求	20			
	工作总结符合要求	10			
总分		100			
总评	自我评价 ×20%+ 小组评价 ×20%+ 教师评价 ×60%=	综合等级	教师（签名）：		